基础设施篇

强力推进 **网络强国战略** 丛书 |

网络强国 快车道

基础设施铺路

主　编　宋海龙

副主编　郭晓峰　闫鸿斐

知识产权出版社

全国百佳图书出版单位

图书在版编目（CIP）数据

网络强国快车道：基础设施铺路/宋海龙主编. —北京：知识产权出版社，2018.1
（强力推进网络强国战略丛书）
ISBN 978 - 7 - 5130 - 5229 - 0

Ⅰ.①网… Ⅱ.①宋… Ⅲ.①互联网络—管理—研究—中国 Ⅳ.①TP393.4

中国版本图书馆 CIP 数据核字（2017）第 259971 号

责任编辑：段红梅　张雪梅　　　　　　　　责任校对：潘凤越
封面设计：智兴设计室·索晓青　　　　　　责任出版：刘译文

强力推进网络强国战略丛书
基础设施篇

网络强国快车道
——基础设施铺路

主　编　宋海龙　副主编　郭晓峰　闫鸿斐

出版发行	知识产权出版社 有限责任公司	网　址	http://www.ipph.cn
社　址	北京市海淀区气象路 50 号院	邮　编	100081
责编电话	010 - 82000860 转 8119	责编邮箱	duanhongmei@cnipr.com
发行电话	010 - 82000860 转 8101/8102	发行传真	010 - 82000893/82005070/82000270
印　刷	北京科信印刷有限公司	经　销	各大网上书店、新华书店及相关专业书店
开　本	720mm × 1000mm　1/16	印　张	13
版　次	2018 年 1 月第 1 版	印　次	2018 年 1 月第 1 次印刷
字　数	224 千字	定　价	65.00 元

ISBN 978 -7 -5130 -5229 -0

强力推进网络强国战略丛书

编委会

总　序

20世纪人类最伟大发明之一的互联网，正在迅速地将人与人、人与机的互联朝着万物互联的方向演进，人类社会也同步经历着有史以来最广泛、最深刻的变革。互联网跨越时空，真正使世界变成了地球村、命运共同体。借助并通过互联网，全球信息化已进入全面渗透、跨界融合、加速创新、引领发展的新阶段。谁能在信息化、网络化的浪潮中抢占先机，谁就能够在日新月异的地球村取得优势，获得发展，掌控命运，赢得安全，拥有未来。

2014年2月27日，在中央网络安全和信息化领导小组第一次会议上，习近平同志指出："没有网络安全就没有国家安全，没有信息化就没有现代化"，"要从国际国内大势出发，总体布局，统筹各方，创新发展，努力把我国建设成为网络强国。"

2016年7月，《国家信息化发展战略纲要》印发，其将建设网络强国战略目标分三步走。第一步，到2020年，核心关键技术部分领域达到国际先进水平，信息产业国际竞争力大幅提升，信息化成为驱动现代化建设的先导力量；第二步，到2025年，建成国际领先的移动通信网络，根本改变核心关键技术受制于人的局面，实现技术先进、产业发达、应用领先、网络安全坚不可摧的战略目标，涌现一批具有强大国际竞争力的大型跨国网信企业；第三步，到21世纪中叶，信息化全面支撑富强民主文明和谐的社会主义现代化国家建设，在引领全球信息化发展方面有更大作为。

所谓网络强国，是指具备强大网络科技、网络经济、网络管理能力、网络影响力和网络安全保障能力的国家，就是在建设网络、开发网络、利用网络、保护网络和治理网络方面拥有强大综合实力的国家。一般认为，网络强国至少要具备五个基本条件：一是网络信息化基础设施处于世界领先水平；二是有明确的网络空间战略，并在国际社会中拥有网络话语权；三是关键技术和装备要技术先进、自主可控；四是网络主权和信息资源要有足够的保障手段和能力；五是在网络空间战略对抗中有制衡能力和震慑实力。

所谓网络强国战略，是指为了实现由网络大国向网络强国跨越而制定的国家发展战略。通过科技创新和互联网支撑与引领作用，着力增强国家信息化可持续发展能力，完善与优化产业生态环境，促进经济结构转型升级，推进国家治理体系和治理能力现代化，从而为实现"两个一百年"目标奠定坚实的基础。

实施网络强国战略意义重大。第一，信息化、网络化引领时代潮流，这是当今世界最显著的变革特征之一，既是必然选择，也是当务之急。第二，网络强国是国家强盛和民族振兴的重要内涵，体现了党中央全面深化改革、加强顶层设计的坚强意志和创新睿智，显示出坚决保障网络主权、维护国家利益、推动信息化发展的坚定决心。第三，网络空间蕴藏着巨大的经济、科技潜力和宝贵的数据资源，是我国社会经济发展的新引擎、新动力。它与农业、工业、商业、教育等各行业各领域深度融合，催生出许多新技术、新业态、新模式，提升着实体经济的创新力、生产力、流通力，为传统经济的转型升级带来了新机遇、新空间、新活力。第四，互联网作为文化碰撞的通道、思想交锋的平台、意识形态斗争的高地，始终是没有硝烟的战场，是继领土、领海、领空之后的"第四领域"，构成大国博弈的战略制高点。只有掌握自主可控的互联网核心技术，维护好国家网络主权，民族复兴的梦想之船才能安全远航。第五，国家治理体系与治理能力现代化，需要有效化解社会管理的层级化与信息传播的扁平化矛盾，推动治理的科学化与精细化。尤其是物联网、大数据、云计算等先进技术的涌现为之提供了更加坚实的物质基础和高效的运作手段。

经过 20 多年的发展，我国互联网建设成果卓著，网络走入千家万户，网民数量世界第一，固定宽带接入端口超过 4 亿个，手机网络用户达 10.04 亿人，我国已经是名副其实的网络大国。但是我国还不是网络强国，与世界先进国家相比还有很大的差距，其间要走的路还很长，前进中的挑战还很多。如何实践网络强国战略，建设网络强国，是摆在中华民族面前的历史性任务。

本丛书由战略支援部队信息工程大学相关专家教授合作完成，丛书的策划、构思和编写围绕以下问题和认识展开：第一，网络强国战略既已提出，那么，如何实施，从哪些方面实施，实施的路径、办法是什么，存在的问题、困难有哪些等。作者始终围绕网络强国建设中的技术支撑、人才保证、文化引领、安全保障、设施服务、法律规范、产业新态和国际合作等重大问题进行理论阐述，进而提出实施网络强国战略的措施和办法。第二，网络强国战略既是一项长期复杂的系统工程，又是一个内涵丰富的科学命题。正确认识和深刻把握网络强国战略的内涵、意义、使命和要求，无疑是全面贯彻落实网络强国战略的前提条件。丛书的编写既是作者深入理解网络强国战略的认知过程，也是帮助公众深入理解网络强国战略的一种努力。第三，作为身处高校教学一线的理论工作者，积极投身、驻足网络强国理论战线、思想战线和战略前沿，这既是分内之事，也是践行国家战略的具体表现。第四，全面贯彻落实网络强国战略，既有共同面对的复杂现实问题，又有全民参与的长期发展问题。因此，理论研究和探讨不可能一蹴而就，需要作持久和深入的努力，本丛书必然会随着实践的推进而不断得到丰富和升华。

为了完成好本丛书的目标定位，战略支援部队信息工程大学校党委成立了"强力推进网络强国战略丛书"编委会，实行丛书主编和分册主编负责制，对我国互联网发展的历史和现状特别是实现网络强国战略的理论和实践问题进行系统分析和全面考量。

本丛书共分为八个分册，分别从技术创新支撑、先进文化引领、基础设施铺路、网络产业创生、网络人才先行、网络安全保障、网络法治增序、国际合作助推八个方面，对网络强国建设中的重大理论和实践问题进行了梳理，对我国建设网络强国的基础、挑战、问题、原则、目标、重点、任务、路径、对策和方法等进行了深入探讨。在撰写过程中，始终坚持突出政治性，立足学术性，注重可读性。本丛书具有系统性、知识性、前沿性、针对性、实践性、操作性等特点，值得广大人文社科工作者、机关干部、管理者、网民和群众阅读，也可供大专院校、科研院所的专家学者参考。

在丛书编写过程中，得到了中央网信办负责同志的高度关注和热情鼓励，借鉴并引用了有关网络强国方面的大量文献和资料，与多期"网信培训班"的学员进行了研讨，在此一并表示衷心的谢忱。

邬江兴

目　录

第一章　网络基础设施概述

人类走过了农业文明、工业文明，正在向信息文明迈进。农业文明时代，土地是基本的生产要素；工业文明时代，资本与机器是最重要的生产资料；今天的信息社会，互联网如同过去的土地、资本、机器一样，成为社会最重要的基础设施、最宝贵的社会资源。今天，人类的生产、学习、生活正发生翻天覆地的变化，从根本上说，这种变化皆源于以互联网为代表的信息技术所产生的强大社会功能，它更新了生产力要素的内涵，搭建了新的学习平台，扩展了国家治理的疆域，开拓了人类生存的空间，极大地提高了人类认识和改造世界的能力。

1994 年 4 月 20 日，我国引入一条 64K 国际专线，开启了网络世界的大门。20 多年过去了，今天快速发展的互联网已经成为我国基础设施建设、社会经济转型发展乃至国家治理、国际交流须臾不可或缺的环节和内容。截至 2016 年 6 月，我国网民规模达 7.1 亿人，互联网普及率达到 51.7%，超过全球平均水平 3.1 个百分点，网民规模连续 9 年位居全球首位。仅 2016 年上半年，我国新增网民就达 2132 万人，互联网普及率比 2015 年年底提高 1.3 个百分点，超过亚洲平均水平 8.1 个百分点。目前，我国已经成为名副其实的网络大国。[①]

为了早日从网络大国变为网络强国，党的十八届五中全会吹响了向网络强国进军的号角，明确提出要加快推进"互联网 +"行动计划，发展分享经济，实施大数据战略，发展积极向上的网络文化，特别提出要超前谋划、布局下一代互联网，促进互联网和经济社会融合发展，让网络真正成为引领国家经济社会发展

---

① 截至 2016 年 6 月中国网民规模达 7.1 亿　连续 9 年位居全球首位［EB/OL］．（2016－08－07）［2016－11－10］．http：//www.askci.com/news/hlw/20160807/16472651153.shtml.

的火车头、新引擎。2016年11月7日第十二届全国人民代表大会常务委员会第二十四次会议通过了《中华人民共和国网络安全法》，其中第一章第三条指出："国家坚持网络安全与信息化发展并重，遵循积极利用、科学发展、依法管理、确保安全的方针，推进网络基础设施建设和互联互通，鼓励网络技术创新和应用，支持培养网络安全人才，建立健全网络安全保障体系，提高网络安全保护能力。"这无疑为网络基础设施建设事业的发展注入了新的活力。

一、网络基础设施是网络强国战略的重中之重

《中共中央关于制定国民经济和社会发展第十三个五年规划的建议》明确提出实施网络强国战略，加快构建高速、移动、安全、泛在的新一代信息基础设施。要积极拓展网络经济空间，实施"互联网＋"行动计划，发展物联网技术和应用，完善电信普遍服务机制，不断推进产业组织、商业模式、供应链、物流链创新，支持基于互联网的各类创新。①

网络基础设施建设是实施网络强国战略的重中之重、基础之基础，已经成为衡量一个国家综合实力的重要标志。世界上许多国家已经将网络基础设施建设列为国家重要的发展战略，并将其作为拉动国内经济发展的重要推动力。当前，我国正处在信息化与工业化深度融合、经济增长方式快速转变和产业结构全面升级的关键时期，没有高速、移动、安全、泛在的新型网络基础设施，"互联网＋"行动计划的巨大能量就难以发挥，党的十八届五中全会所确立的互联网与经济社会融合发展战略、国家大数据战略以及基于互联网的产业组织、商业模式、供应链、物流链等各类创新都将失去基础支撑，沦为空谈。加强网络基础设施建设势在必行。

（一）加强网络基础设施建设有助于搭建大数据及云计算平台

大数据及云计算技术需要宽带泛在的网络连接，这也是网络基础设施建设的重要方向。网络的宽带化主要体现在两个方面：一是第四代或第五代移动通信

---

① 中共中央关于制定国民经济和社会发展第十三个五年规划的建议［EB/OL］.（2015－11－03）［2016－11－10］. http://news. xinhuanet. com/finance/2015－11/03/c_ 1117025413. htm.

（即 4G 或 5G）等移动宽带及光宽带基础设施，可为用户提供超高速通信服务；二是网络承载的高保真语音、视频等多媒体宽带内容容量大，突破了仅提供简单语音及短信服务的模式。只有强化网络基础设施建设，建设超高速宽带网络，进一步扩大网络覆盖范围和普及利用比率（即泛在化），进一步优化网络数据跨域共享与灵活调度机制，才能真正实现大数据、云计算。这里的泛在化主要是指日益增多的终端设备接入网络，实现无所不在的网络连接，如可穿戴设备、智能机器人、智能家电、传感器等实现网络化连接，作为智能主体的人可以随时随地通过随身携带的智能设备与网络连接，享受网络提供的即时发出指令、发布信息、参与互动或提供帮助等服务。

（二）加强网络基础设施建设有利于国民经济转型升级

网络基础设施建设是推动社会经济发展的核心力量，更是国民经济众多产业转型升级的关键所在。"互联网＋"行动计划之所以意义重大，就在于它为网络基础设施与国民经济各产业的深度融合、创新发展提供了无限契机，整个国民经济的结构和面貌将因之改变。"互联网＋"指将互联网的创新成果与经济社会各领域深度融合，推动技术进步、效率提升和组织变革，提升实体经济创新力和生产力，形成更广泛的以互联网为基础设施和创新要素的经济社会发展新形态[①]。"互联网＋"所形成的大众创业、万众创新局面正在见证着国民经济转型升级的奇迹。一方面，网络自身的结构、功能悄然变化，由"消费网"向"产业网"、由"工具网"向"动力网"、由"传递价值网"向"创造价值网"转变[②]；另一方面，网络犹如神话传说中点石成金的"魔棒"，这个"魔棒"指向哪里，哪里就有了生机和活力。"互联网＋"行动计划是国民经济转型升级的动力源。

（三）加强网络基础设施建设有益于巩固制造强国地位

"制造业是国民经济的主体，是立国之本、兴国之器、强国之基"。《中国制造 2025》（国发〔2015〕28 号）提出推进信息化与工业化深度融合，把智能制造作为信息化与工业化（下文简称"两化"）深度融合的主攻方向，力争通过

[①] 国务院《关于积极推进"互联网＋"行动的指导意见》（国发〔2015〕40 号）[EB/OL]. （2015 – 07 – 04）[2016 – 07 – 07]. http://news.xinhuanet.com/2015 – 07/04/c_ 1115815942. htm.

[②] 杜振华. "互联网＋"背景的信息基础设施建设愿景 [J]. 改革, 2015（10）: 113 – 120.

"三步走"实现制造强国的战略目标。智能制造即通过智能感知、人机交互提高产品设计、制造及销售环节的科技化水平，促进制造业由价值链低端向高端转移。工业和信息化部部长苗圩指出："在新一轮科技革命和产业变革中，各国都在研究如何抢占新一轮发展的制高点。我们认为，互联网和传统工业行业的融合是要认真重视和抢抓的机遇，这也是所说的制高点的问题。还有一个切入点的问题，或者说主攻的方向。我们经过研究认为，抓智能制造就是我们主攻的方向。前几年我们已经做了一些探索，如'两化'融合的试点示范，在这个基础上把智能制造抓在手里，这是解决我国制造业由大变强的根本路径。"① 中国制造业的智能化升级得益于网络基础设施的完善；反过来，制造业的智能化发展也吹响了社会迈向数字科技时代、奔向万物互联时代的冲锋号。

二、网络基础设施的相关概念

要准确把握国家网络强国战略，就必须了解网络基础设施建设的相关设备、技术等的术语、概念，弄清它们的基本内涵和外延。这里将按照由远及近、由浅入深、从宏观到微观、从基础到专业的原则介绍网络基础设施的相关概念。

（一）基础设施

从系统的观点看，网络基础设施是国家基础设施系统的子系统，是重要的构成部分。基础设施是指为社会生产和居民生活提供公共服务的物质工程设施，是保证社会物质和精神活动正常运行的公共服务系统，是社会赖以生存发展的一般物质条件。基础设施包括两方面内容：一是公用工程设施，如公路、铁路、通信线路、机场、码头等；二是公共生活服务设施，如教育、科技、金融、体育、医疗、文化等社会事业。可以看出，基础设施的每个方面又包含许多不同的种类。值得注意的是，不同种类的基础设施在国民经济发展中发挥作用的方式与程度是不同的。例如，交通设施、能源设施和信息设施是直接参与生产过程的物质资本，这三种基础设施建设直接推动企业发展，可以降低成本、提高效率、促进增

---

① 苗圩. 新一轮科技革命和产业变革　智能制造是主攻方向［EB/OL］.（2015－03－07）［2016－07－07］. http://news. cnr. cn/special/2015lh/zbj/zkzyt/zk4/zy/20150307/t20150307_ 517919550. shtml.

长。具体而言，完善的交通设施有助于企业生产资料及产品的空间转移，有助于降低库存；强大的能源设施有助于企业平稳供电、稳定生产；先进的信息通信网络有助于大企业尤其是跨国公司快速决策、降低运输和交易成本。

基础设施是社会各项事业发展的基础。在现代社会中，经济发展规模越大、速度越快，对基础设施的要求就越高；基础设施越健全、越完善，其对促进社会经济发展的作用就越明显、越强劲。正因如此，所有国家都十分重视基础设施建设，研究制定发展规划，投入巨大的人力、物力、财力新建、扩建、改建基础设施项目，从而为经济社会又好又快地发展搭建平台。我国在"十三五"规划中也明确提出了"拓展基础设施建设空间"的战略，强调加强网络基础设施建设，同时加快完善水利、铁路、公路、水运、民航、通用航空、管道、邮政等基础设施系统，加强城市公共交通、防洪防涝等设施建设，实施城市地下管网改造工程。①

（二）网络基础设施

网络基础设施（亦称信息基础设施，下文不再区分）是指为社会生产和居民生活提供公共服务的网络工程设施或虚拟的系统及资产，是保证国家或地区社会经济活动正常进行的公共信息服务体系。今天，人类社会已经步入信息时代，网络基础设施已经成为关乎国家安全稳定、生存发展的重要资源，成为一个国家和地区综合实力的重要标志。基于网络基础设施而快速发展起来的高新技术如物联网、大数据、云计算、移动互联网等已成为全球经济与科技竞争的焦点，"互联网＋"正在成为推动经济发展的新动力、新举措、新途径。

国家信息基础设施（National Information Infrastructure，NII）的概念最早出现在1993年美国政府公文《国家信息基础设施行动动议》中，也有人将NII意译为信息高速公路。2009年美国政府发布《国家基础设施保护计划》，进一步提出关键信息基础设施的概念。关键信息基础设施是指信息和通信系统，即能够对各类数据进行存储、处理和传递的软件和硬件的总和，包括计算机信息系统、控制

---

① 中共中央关于制定国民经济和社会发展第十三个五年规划的建议 ［EB/OL］. （2015 – 11 – 03）［2016 – 07 – 07］. http：//news. xinhuanet. com/finance/2015 – 11/03/c_ 1117025413. htm.

系统和网络。①

一般而言，网络基础设施或信息基础设施主要有信息资源系统、用户信息设备和传输信息网络三个组成部分，也可将其划分为服务层、服务递送层和服务管理层三个层次。美国国家信息基础设施包括以下内容：一是仪器设备，如通信卫星、光纤传输线路、微波通信网、扫描仪、摄像机、监视器、电话、传真机、交换机以及计算机、键盘、高密度磁盘、光盘、声像带、打印机等；二是信息数据；三是软件；四是网络标准和传输编码；五是作为主体的人。②

由此可见，网络基础设施是一个融软硬件于一体的资源系统和服务体系。高质量的网络基础设施是信息社会的基础工程，为社会随时随地提供信息生成、储存、传递、筛选、分析、处理、调取等各类信息服务，以满足个人、团体和社会的各类信息服务需求。

（三）网络基础设施的关键设备和技术

网络基础设施包含许多专业设备和关键技术，下文将择其要者进行介绍。

1. 网络基础设施的相关概念

（1）数据

数据（Datum）拉丁文原意是"论据或事实"，是描述和记录事物属性信息的基本量化单元，具有数值、文字、文本、图形、图像、声音和光等多种表现形式。传统的数据通常用某种固定的通信形式（如语言、图形等）记录在半永久性的介质（如龟甲、泥板、纸张等）上。通过传统方式记录的数据不仅包括客观事实自身，还包括对它们的解释，如现今能够看到的各种历史典籍、文学作品、绘画艺术等。在计算机语言中，数据与其意义是分裂的，尤其是早期的计算机智能水平很低，基本上是执行人类事前编制程序的机器。近年来随着计算机智能水平的不断提高，数据与其意义的统一成为人们关注的话题，特别是2016年计算机AlphaGo与围棋世界冠军李世石对弈，在5局比赛中AlphaGo以4:1的绝对优势完胜，让世人对人工智能机刮目相看，引发人们从更高、更深的层次审视

---

① 国际电信联盟（ITU）和联合国教科文委员会（UNESCO）联合的宽带委员会. 宽带构建未来［R］. 2010.

② 景言. 构建新一代互联网基础设施［N］. 人民邮电报，2014－09－02（033）.

数据的意义。如今，形式多样、用途迥异的数据库比比皆是，数据的生产、储存、处理和使用已经植根于社会生产各领域、社会生活各阶层，标志着人类正在进入大数据时代。

（2）信息

信息（Information）英文原意是"情报、消息或信息"，指音讯、消息、通信系统传输和处理的对象，泛指人类社会传播的一切内容。在信息科学领域，信息主要指人类从数据中提取出来的反映客体实质属性的内容，其形式是数据。按照不同的标准，可以将信息划分为不同的类型，如按性质不同可分为语法信息、语义信息和语用信息，按地位不同可分为客观信息和主观信息，按作用不同可分为有用信息、无用信息和干扰信息。不同种类的信息，其作用也不尽相同。例如，反映经济社会发展状况的信息可以为制定社会发展政策、规划等提供依据；反映气候和天气变化情况的信息可以帮助人们更好地安排生产和生活；反映道路交通状况的信息能够指导人们更合理地选择设计行车路线。信息与物质、能源一样，是人类生存和社会发展的三大基本资源之一，是人类社会经济活动的重要组成部分。在今天的信息社会，信息取代农业时代的土地、工业时代的资本成为社会生产宝贵的资源，成为推动经济增长的关键要素，成为人们在认识和实践活动中须臾不可或缺的基本要素。

（3）信息化

信息化（Informatization）是指为适应信息科技与经济社会协调发展的需要，以高水平开发利用信息资源为目标的发展过程。需要指出的是，各行各业对信息化的理解是不同的，因此出现了多种版本的定义。例如，钟义信在《信息时代的发展战略》中从信息技术（产业）发展的角度将信息化定义为用现代信息技术装备国民经济各部门、各领域，从而极大地提高社会劳动生产率；吴基传在《领导干部信息网络化知识读本》中从信息资源（内容）发展的角度将信息化定义为社会经济结构从以物质与能量为重心向以信息与知识为重心转变的过程；李京文在《信息与经济发展》中从经济发展的角度将信息化定义为在经济和社会活动中，通过普遍地采用信息技术和电子信息设备，更有效地开发和利用信息资源，推动经济社会发展，提高信息经济增加值在国民生产总值中的比重；汪向东在《信息化：中国21世纪的选择》中从社会变革的视角将信息化定义为通过采用现代化信息技术等手段，提高人类开发及利用信息资源的水平，从而推动经济社会发展，变革人类生活方式的过程。① 这些定义虽然具体表述和适用的领域各不相同，但有一个共同的特点，即都强调信息是客观存在的，所谓信息化就是将信息进行数字化处理与应用。② 实际上，信息化的发展覆盖社会各领域，信息化的影响波及社会各行业，信息化浪潮已成为人类生存和社会发展的主旋律，人类的生产方式、生活方式及思维方式正在因信息化而改变。

（4）无线应用协议

无线应用协议（Wireless Application Protocol，WAP）是指在计算机网络、数字移动电话或其他个人数据处理机、计算机应用之间进行通信的开放性标准，它是在现有 Internet 相关协议的基础上根据无线移动的应用条件改变而形成的。其核心是为无线通信终端访问 Internet 定义一套软硬件接口，从而使人们可以像使用 PC 机一样使用手机收发电子邮件和浏览网页信息。无线应用协议有以下功能及特点：第一，提供了一套开放、统一的技术平台，用户可以通过移动设备很容易地访问 Internet，获取 Internet 信息及各种服务，如综合新闻、股市动态、商业信息等；第二，支持目前常用的绝大多数无线电设备，包括移动电话、Flex 寻呼机、双向无线电通信设备等；第三，定义了一套软硬件接口，通过这些接口的移动设备和网站服务器，可以像使用 PC 机一样使用移动设备收发电子邮件、浏览网页；第四，定义了一种无线应用环境 WAE（Wireless Application Environment），方便设计人员开发独立于设备的用户界面，并可使用 WML 脚本 WML Script 的 WAP 编程语言，把可执行的逻辑嵌入移动终端，方便无线用户通过移动终端浏览信息。③

（5）计算机网络

计算机网络（Computer Network）是指按一定的网络互联协议通过网络互联设备将多个计算机连接起来形成的计算机网络整体。国际标准化组织（International Organization for Standardization，ISO）一直致力于制定开放系统互联模型，以在任意两台连接的计算机之间实现通信。如具有七层协议结构的 OSI（Open

---

① 朱帅军，牟焕森. 从三个层次深刻把握信息化的内涵——关于"信息化"概念的新探讨 [J]. 中国教育信息化，2008（11）：15 - 17.

② 中共武汉市委组织部. 迈进信息化——武汉市干部信息知识读本 [M]. 武汉：武汉出版社，2005：117.

③ 无线应用协议 [EB/OL]. （2016 - 07 - 08）[2016 - 07 - 16]. http：//wiki. mbalib. com/wiki/无线应用协议.

System Interconnect）模型，该体系结构标准定义了网络互连的七层框架，即物理层、数据链路层、网络层、传输层、会话层、表示层和应用层，此之谓 ISO 开放系统互连参考模型。根据 OSI 分层协议，系统每一层次都被赋予了特定的功能，各层相互配合，通过标准的接口通信，从而实现了开放系统环境中的互连性、互操作性和应用的可移植性。计算机网络可以分为不同的类型，下面简单介绍几种常见的网络。

因特网（Internet）即国际计算机互联网，是当今世界上影响最大的国际性计算机网络。Internet 通过 TCP/IP 网络协议将世界各地各种不同类型、不同规模的物理网络连接成一个整体。Internet 的发展和普及速度非常快，从 20 世纪 60 年代美国国防部高级研究计划局 DARPA（Defense Advanced Research Projects Agency）建立的仅连接 4 台计算机的阿帕网（ARPAnet）开始，互联网已经发展成为一个无处不在、无时不有、无人不用的巨大、快速、繁忙的网络。据统计，互联网上每秒有 6000 条"推特"发出，有 4 万多次谷歌搜索，有超过 200 万封电子邮件发送。截至 2014 年 9 月，互联网上共有约 10 亿个网站；截至 2016 年 3 月，在线网页数量达到 46.6 亿个。[①] 鉴于互联网巨大的社会功能，世界各国仍在继续推进互联网建设进程，加快互联网基础设施建设的速度。可以说，国际互联网的发展仍然在路上。

局域网（Local Area Network，LAN）是一种覆盖地理范围较小的计算机网络，作用范围一般在方圆几千米以内。局域网可以实现文件管理、应用软件共享、打印机共享、工作组内的日程安排、电子邮件和传真通信服务等功能。由于局域网是封闭型的，具有保密方面的优势，受到许多机构的青睐。

城域网（Metropolitan Area Network，MAN）是一种能覆盖一个城市范围的网络，具有范围大、传输速度高、误码率低、容纳站数多等优点。局域网和光纤技术的发展为城域网的发展奠定了基础。如今，城域网已经成为城市最重要的基础设施，它承载视频点播、远程教育、网上医疗以及新闻、科技、体育等各种信息推送，还为居民提供网络电话、电子邮件、电子商务和网络金融服务等。

广域网（Wide Area Network，WAN）又称远程网，其覆盖范围大，从几十公

---

① 互联网到底有多大？美媒：目前已知网页至少 46 亿个［EB/OL］．（2016 - 03 - 21）［2016 - 07 - 17］．http：//www.hinews.cn/news/system/2016/03/21/030238848.shtml.

里到几千公里，可连接多个城市或国家，能提供远距离通信，形成国际性远程网络。因特网（Internet）是世界范围内最大的广域网。

数字数据网（Digital Data Network，DDN）是利用数字信道传输数据信号的同步数据传输网，其传输速率高、网络时延小、安全可靠，适用于图像、声音、数据传输等多种业务。[①]

（6）三网融合

三网是指电信网、广播电视网和互联网（计算机网）。三网融合是指通过网络改造和优化，使得原本独立的三种网络技术功能趋于一致，网络信息业务实现资源共享和互联互通，进而实现三网的技术融合、业务融合、行业融合、终端融合及网络融合。其中，技术融合是基础，包括基础数字技术融合、宽带技术融合、软件技术融合及 IP 技术融合；终端及网络融合是目标，三网融合后，信息服务将由单一业务转向文字、话音、数据、图像、视频等多媒体综合业务，有助于打破电信及广电运营商在视频传输领域的恶性竞争状态，极大地减少基础建设投入，简化网络管理，降低维护成本，造福民生。世界上许多国家都十分重视三网融合，如美国三网融合开始于 20 世纪 90 年代《1996 年电信法》的出台，英国开始于 2003 年。我国于 2010 年 6 月由国务院办公厅印发了《关于印发第一批三网融合试点地区（城市）名单的通知》，接着又公布了第二批、第三批计划，三网融合试点已基本涵盖全国。三网融合有利于网络强国战略的实施。在中央关于推进三网融合的重点工作中，包括加强网络建设改造以及推动移动多媒体广播电视、手机电视、数字电视宽带上网业务的应用等内容，而 IPTV、手机电视等融合型业务的发展则需要更高带宽的支撑。因此，三网融合是一项因素众多、结构复杂、影响深广的系统工程，推进三网融合，功在当代，利在千秋。

2. 网络基础设施的关键技术

（1）蓝牙

蓝牙（Bluetooth）是一种近距离无线通信技术，可以实现移动计算设备与固

---

① 中共武汉市委组织部. 迈进信息化——武汉市干部信息化知识读本［M］. 武汉：武汉出版社，2005：117－123.

定计算设备之间的快速、无线连接。蓝牙技术最初由爱立信公司于1994年创制，发展到今天已成为无线网络领域的关键技术。今天的蓝牙技术联盟（Bluetooth Special Interest Group，SIG）在全球已拥有超过25000个成员公司，它们分布在电信、计算机、网络和消费电子等多个领域。将蓝牙技术与家用电脑结合可实现数字化家园，把家用电脑与其他数字设备如数码相机、打印机、移动电话、家庭影院和空调机等连接，便形成了一个高效、方便、自在的家庭微网。蓝牙技术正在使人们的办公、生活设施实现自动化、智能化。

（2）遥感

遥感（Remote Sensing）即远距离感知物体特有的电磁波，以将其从环境中识别出来。不同的物体具有不同的电磁波特性，据此可以探测地表物体对电磁波的反射和辐射，提取这些信息，就可完成对这些物体的远距离识别。常见的遥感平台主要有卫星、飞机、气球等。探测和接收电磁波的设备为传感器，可以用来远距离感知一定波长范围内的电磁波，如可见光、红外线、微波和较宽波长范围内的电磁辐射。一般而言，遥感可以分为主动遥感和被动遥感。例如，可见光遥感易受天气、时间因素的影响，属于典型的被动遥感；激光扫描及微波雷达可以全天候、全天时工作，属于典型的主动遥感。人造地球卫星发射成功大大推动了遥感技术的发展。近年来，卫星遥感的分辨率（空间分辨率、光谱分辨率及时间分辨率）有了快速提高，如空间分辨率从遥感技术刚出现时的80米已逐步提高到几米甚至1米、0.1米，光谱分辨率及时间分辨率的精度也得到大幅度提高。遥感技术的应用十分广泛，可以为农业、林业、地质、地理、海洋、水文、气象、测绘、环境保护和军事侦察等许多领域和行业提供服务。

（3）地理信息系统

地理信息系统（Geographic Information System 或 Geo‒Information System，GIS）有时又称为地学信息系统，是在计算机软系统支持下对整个或部分地球表层（包括大气层）空间中的有关地理分布数据进行采集、储存、分析、处理、显示、描述等的技术系统。地理信息系统技术是一门综合性学科，涉及地理学、地图学、摄影测量学、统计科学及遥感和计算机科学，具有功能的多样性、预测性等特点，兼具采集、管理、分析及输出多种地理空间信息的功能，并能够基于分析模型，提供极强的空间综合分析和发展动态预测，产生高层次的地理信息。地理信息系统技术自20世纪60年代初开创以来，已走过半个多世纪的历程，发展成为一个确定性的产业，并逐渐向其他产业及社会生活领域渗透，地理信息技术产品已经成为人们生活、学习和工作不可缺少的工具和助手。

（4）全球定位系统

全球定位系统（Global Positioning System，GPS）有时又称为全球卫星定位系统，是一种结合卫星及通信技术进行准确测时和测距的系统。一般认为，世界上第一个全球定位系统是美国20世纪70年代开始研制，1994年全面建成并投入使用的。全球定位系统具有六大优点：第一，全天候，不受任何天气的影响；第二，覆盖范围大，如美国GPS系统全球覆盖率高达98%；第三，七维定点定速定时，高精度；第四，快速、省时、高效率；第五，应用广泛、多功能；第六，可移动定位。现有的卫星导航定位系统有美国的全球卫星定位系统（GPS）、俄罗斯的全球卫星定位系统（Globle Navigation Satellite System，GLONASS）、中国北斗卫星导航系统（BeiDou Navigation Satellite System，BDS）和欧洲伽利略卫星导航系统（Galileo Satellite Navigation System，GSNS）。

北斗卫星导航定位系统（简称北斗系统）由空间星座、地面控制中心系统和用户终端三部分构成。其中，空间星座由五颗静止轨道卫星和三十颗非静止轨道卫星组成；地面控制中心系统由主控、测轨站、测高站、校正站和计算中心组成；用户设备可以分为普通型、通信型、授时型、指挥型及多模型用户机五种类型，以满足不同用户、不同领域、不同要求的服务需求。例如，普通型用户机可进行定位和点对点的通信，适合于一般车辆、船舶及便携等用户的定位导航应用；通信型用户机适合于野外作业、水文测量、环境检测等各类数据采集和数据传输用户；授时型用户机适合于授时、校时、时间同步等用户，可提供数十纳秒级的时间同步精度；指挥型用户机可供拥有一定数量用户的上级集团管理部门使用，除具有普通用户机的所有功能外，还能够播发通播信息、接收中心控制系统下发所属用户的定位通信信息；多模型用户机既能接收北斗卫星定位和通信信息，又可利用GPS系统或GPS增强系统导航定位，适合于对位置信息要求较高的用户。

3. 网络基础设施的关键设备

按照连接层次，网络互联设备可以分为中继器、网桥、路由器和网关四种，以下分别介绍有关术语。

（1）中继器

中继器（Repeater）是最简单的网络连接器，用于完全相同的两类网络的互联，其主要功能是通过对数据信号的重新发送或者转发扩大网络传输的距离。中继器是局域网环境下用于延长网络距离的廉价网络互联设备，对线路信号具有放大再生功能，常用于两个网络节点之间物理信号的双向转发。中继器工作于OSI的物理层，只起到扩展传输距离的作用，对高层协议是透明的。实际上，通过中继器连接起来的网络相当于同一条电线连接的更大的网络。中继器增加了网络节点的最大数目，保证了各个网段可使用不同的通信速率，从而扩大了网络通信距离，提高了可靠性。

（2）网桥

网桥（Bridge）是一种在数据链路层实现局域网互联的存储转发设备。网桥独立于高层协议，不涉及协议转换，结构简单，性能稳定，能通过软件实现异构型局域网的互联。网桥的两个端口分别有一条独立的交换信道，不共享一条背板总线，可隔离冲突域。因此，网桥更像一个聪明的中继器，中继器从一个网络电缆中接收信号，放大它们，将其送入下一个电缆；网桥则将网络的多个网段在数据链路层连接起来，可将一个大的局域网分割为多个网段，或将两个以上的局域网互联为一个逻辑局域网，使局域网上的所有用户都可访问服务器。网桥扩大了局域网的物理范围，使不同的局域网实现互连互通，并通过过滤通信量提高网络的可靠性。

（3）路由器

路由是指把数据从一个地方传送到另一个地方的行为和动作，而路由器（Router）正是执行这种行为和动作的机器，是连接因特网中各局域网、广域网的专用设备，它会根据信道状况自动选择和设定路由，以最佳路径按前后顺序发送信号。与网桥相比，路由器在路由选择、拥塞控制和容错及网络管理等方面均有更大的灵活性和更强的异种网络互连能力。路由和交换机不同，交换机发生在OSI参考模型第二层（数据链路层），路由发生在OSI参考模型第三层（网络层）。因此，路由和交换机各自的控制机理和实现功能不同。路由器有时又称为网关（Gateway），可用于连接多个逻辑上分开的网络。当数据从一个网络传输到另一个网络时，可通过路由器的路由功能完成。路由器具有判断网络地址和选择IP路径的能力，它能在多网络互联环境中建立灵活的连接。目前，路由器已经广泛应用于各种网络，如用于实现各种骨干网内部连接、骨干网间相互连接和骨干网与互联网之间的互连互通。一般来说，路由器具有三大功能：一是网络互联，支持各种局域网和广域网接口，可用于互联局域网和广域网，实现不同网络互相通信；二是数据处理，提供包括分组过滤、分组转发、优先级、复用、加密、压缩和防火墙等功能；三是网络管理，提供包括路由器配置管理、性能管理、容错管理和流量控制等功能。

（4）网关

网关（Gateway）就是一个网络连接到另一个网络的"关口"或"关卡"。网关又称为协议转换器、网间连接器，可在 OSI 网络层以上实现网络互联，是比网桥和路由器更复杂的网络互联设备，既可以用于广域网互联，也可以用于局域网互联。两个采用不同通信协议、数据格式或语言的网络，甚至体系结构完全不同的两种系统都能够使用网关连接。此处，网关就像两种网络或体系之间兼容对接的翻译器。按照不同的标准，可以将网关划分为不同的类型。例如，根据用途不同，可以将网关划分为传输网关和应用网关两种，前者用于在两个网络间建立传输连接，后者用在应用层上进行协议转换。值得注意的是，TCP/IP 协议里的网关是最常见、最常用的网关。网关实质上是一个网络通向其他网络的 IP 地址。有了这个 IP 地址，TCP/IP 协议就能保证在两个网络之间转发数据包，实现相互通信。

三、网络基础设施建设的指导思想、基本原则和重要目标

党和国家历来高度重视网络基础设施建设工作。特别是"十五"之后，我国的信息网络从无到有、从小到大，实现了跨越式发展，并逐渐成为国民经济的支柱和先导产业。近年来，我国"加快构建宽带、泛在、融合、安全的下一代国家信息基础设施"，实施"宽带中国"战略，引导下一代互联网平滑演进，统筹云计算、大数据中心发展布局，使基础设施建设迈上了新台阶。截至 2015 年 12 月底，中国网站总量达到 426.7 万余个，网站所使用的独立域名共计 561.7 万余个，网站主办者达到 327.3 万余个。全国提供教育、医疗保健、药品和医疗器械、新闻等专业互联网信息服务的网站达到 2.3 万余个。[①] 但也要看到，我国网

---

① 中国互联网站发展状况及其安全报告（2016）［EB/OL］.（2016 – 03 – 18）［2016 – 07 – 22］. http://news. xinhuanet. com/info/2016 – 03/18/c_ 135200752. htm.

络基础设施建设还存在一些问题，如城乡差别、区域差别、重复建设及严峻的网络安全问题等，需要立足发展战略全局，总体谋划统筹，不断创新，破解时艰，提高网络基础设施建设的质量和效益。

（一）指导思想

全面贯彻落实党的十八大和十八届三中、四中、五中全会精神，以邓小平理论、"三个代表"重要思想、科学发展观为指导，深入贯彻习近平总书记系列重要讲话精神，按照"四个全面"战略布局，坚持创新、协调、绿色、开放、共享的发展理念，坚持发展和安全兼顾、深化改革，统筹谋划，协同推进，健全体制机制，完善政策法规，创新发展模式，不断提高网络基础设施建设的规模、质量和效益。

（二）基本原则

坚持党的领导。党的领导是中国特色社会主义制度的最大优势，是推进网络基础设施建设的根本政治保证。必须发挥党总揽全局、协调各方的领导核心作用，全面加强党对网络基础设施建设工作的领导，确保党的路线方针政策和决策部署贯彻落实到网络基础设施建设的各领域全过程。

强化国家主导。牢固确立国家在网络基础设施建设中的主导地位，加强中央和地方企事业单位各领域各部门各层级的统筹协调，综合运用规划引导、体制创新、政策扶持、法治保障等手段，最大程度凝聚网络基础设施建设事业发展的合力。

注重共建共享。主动适应、把握和引领经济发展新常态，调动社会各方力量关注并投身于网络基础设施建设事业，强化合作协调、需求对接，集智聚力建设、兼顾各方利益，倡导多网融合发展，提高资源共享效益。

发挥市场作用。注重运用市场手段优化网络资源配置，积极引导经济社会领域的多元投资、多方技术、多种力量更好地服务网络建设，促进网络建设成果更好地服务经济社会发展，实现网络建设和国民经济建设综合效益最大化。

深化改革创新。打破思维定势和利益藩篱，着力解决制约网络融合发展的体制性障碍、结构性矛盾、政策性问题，建立健全有利于多网融合发展的组织管理体系、工作运行体系、政策制度体系。

面向未来发展。网络基础设施建设要树立超前意识，做好未来规划，保证网络建成后在一定时期内能够保持其行业的前导性、先进性。要鼓励关键技术研发，着力突破宽带网络关键核心技术，加速形成自主知识产权，尽快实现由网络大国向网络强国的转变。

（三）重要目标

我国网络基础设施建设的总目标是建成宽带、融合、泛在、安全、绿色的网络基础设施。"十三五"规划指出："加快构建高速、移动、安全、泛在的新一代信息基础设施，推进信息网络技术广泛运用，形成万物互联、人机交互、天地一体的网络空间。"

具体而言，我国网络基础设施建设目标体现在以下四个方面：

一是继续完善新一代高速光纤网络。构建现代化通信骨干网络，提升高速传送、灵活调度和智能适配能力。推进宽带接入光纤化进程，城镇地区实现光网覆盖，提供 1000Mbit/s 以上接入服务能力，大中城市家庭用户带宽实现 100Mbit 以上灵活选择；98% 的行政村实现光纤通达，有条件地区提供 100Mbit/s 以上接入服务能力，半数以上农村家庭用户带宽实现 50Mbit 以上灵活选择。建立畅通的国际通信设施，优化国际通信网络布局，完善跨境陆海缆基础设施。建设中国 – 阿拉伯国家等网上丝绸之路，加快建设中国 – 东盟信息港。

二是着力构建先进泛在的无线宽带网。深入普及高速无线宽带。加快第四代移动通信（4G）网络建设，实现乡镇及人口密集的行政村全面深度覆盖，在城镇热点公共区域推广免费高速无线局域网（WLAN）接入。加快边远山区、牧区及岛礁等网络覆盖。优化国家频谱资源配置，加强无线电频谱管理，维护安全有序的电波秩序。合理规划利用卫星频率和轨道资源。加快空间互联网部署，实现空间与地面设施互连互通。

三是大力加强信息网络新技术开发应用。积极推进第五代移动通信（5G）和超宽带关键技术研究，启动 5G 商用。超前布局下一代互联网，向互联网协议第 6 版（IPv6）全面演进升级。布局未来网络架构、技术体系和安全保障体系，重点突破大数据和云计算关键技术、自主可控操作系统、高端工业和大型管理软件、新兴领域人工智能技术。

四是加速推进宽带网络提速降费。开放民间资本进入基础电信领域竞争性业务，形成基础设施共建共享、业务服务相互竞争的市场格局。深入推进"三网融合"。强化普遍服务责任，完善普遍服务机制。开展网络提速降费行动，简化电信资费结构，提高电信业务性价比。完善优化互联网架构及接入技术、计费标准。加强网络资费行为监管。

到"十三五"末，我国将初步完成覆盖全国的高速、可靠、安全的信息基础设施网络，为互联网产业及整体经济发展提供必要的物质支持。工业和信息化部部长苗圩指出，未来将加快高速宽带网络的建设，持续推进网络的提速降费，深入实施"宽带中国"专项题目，加快4G发展的步伐，并适时研发和部署5G商用，加快建设高速畅通、覆盖城乡、质优价廉、服务便捷的宽带网络基础设施和服务体系。同时，未来5年将继续优化网络架构，加速开放民间资本，拓宽投资渠道，为"互联网＋"、云计算等的创新和发展提供坚实基础。

四、网络基础设施建设的重点工作

毫无疑问，宽带网络的扩建、改建及升级、并网等工作仍然是我国网络基础设施建设的重点工作。下文仅就"宽带中国"建设中应注重解决的问题作简单介绍。

（一）实施"宽带乡村"工程，推进区域宽带网络协调发展

在网络基础设施建设领域，我国存在着明显的城乡差别。为了尽快补齐短板，提高我国网络基础设施的整体水平，必须实施"宽带乡村"工程。具体而言，就是根据农村经济发展水平和自然地理条件，灵活选择接入技术，分类、分阶段推进宽带网络向行政村和有条件的自然村延伸。例如，较发达地区可实行光纤进村入户；欠发达地区重点解决行政村宽带覆盖；边远地区、山区及海岛等可引入移动、卫星等无线宽带技术服务；幅员宽广、居住分散的牧区可推行无线宽带覆盖。

推进区域宽带网络协调发展，需要从整体上规划。我国基础设施建设的总体情况是东部较完善，中西部刚起步，农村有"死角"。应根据具体情况，区别对待。

对东部地区，鼓励其进行网络升级和应用创新。引导其积极利用光纤和新一代移动通信技术、下一代广播电视网技术全面提升宽带网络速度与性能，着力缩

小与发达国家的差距；加快部署基于 IPv6 的下一代互联网；鼓励东部地区结合本地经济社会发展需要积极开展区域试点示范，创新宽带应用服务，培育发展新业务、新业态。

对中西部地区，给予政策倾斜，支持其进行宽带网络建设，增加光缆路由，提升骨干网络容量，扩大接入网络覆盖范围，与东部地区同步部署应用新一代移动通信技术、下一代广播电视网技术和下一代互联网。加快中西部地区信息内容和网站的建设，推进具有民族特色的信息资源开发和宽带应用服务。创造有利环境，引导大型云计算数据中心落户中西部条件适宜的地区。

对农村地区，积极将宽带纳入电信普遍服务范围，重点解决宽带村村通问题。因地制宜采用光纤、铜线、同轴电缆、3G/LTE、微波、卫星等多种技术手段加快宽带网络从乡镇向行政村、自然村延伸。加快研发和推广适应农民需求的低成本智能终端。加强各类涉农信息资源的深度开发，完善农村信息化业务平台和服务中心，提高综合网络信息服务水平[①]。

（二）实施宽带网络优化提速工程，加快宽带网络优化升级

宽带的优化升级重在提速，应针对网络的物理容量、地位功能等有计划、有步骤地推进宽带网络的优化提速工作。

对骨干网，应加快其骨干节点升级，推进下一代广播电视网宽带骨干网建设，提升网络流量疏通能力，全面支持 IPv6。优化互联网骨干网间互联架构，扩容网间带宽，保障连接性能。增加国际海陆缆通达方向，完善国际业务节点布局，提升国际互联带宽和流量转接能力。升级国家骨干传输网，提升业务承载能力，增强网络安全可靠性。

对接入网和城域网，应积极利用各类社会资本，统筹有线、无线技术，加快建设步伐。应以多种方式推进光纤向用户端延伸，加快下一代广播电视网宽带接入网络的建设，逐步建成以光纤为主、同轴电缆和双绞线等接入资源有效利用的固定宽带接入网络。加大无线宽带网络建设力度，扩大 3G、4G 网络覆盖范围，提高覆盖质量，协调推进 TD - LTE 商用发展，加快无线局域网重要公共区域热

---

① 国务院关于印发"宽带中国"战略及实施方案的通知（国发〔2013〕31 号）〔EB/OL〕.（2013 – 08 –
17）〔2016 – 07 – 04〕. http：//www. gov. cn/zwgk/2013 – 08/17/content_ 2468348. htm.

点覆盖，加快推进地面广播电视数字化进程。推进城域网优化和扩容。加快接入网、城域网 IPv6 升级改造。通信管道等通信设施与住宅区同步建设，并预先铺设入户光纤，预留设备间，所需投资纳入相应建设项目概算。探索宽带基础设施共建共享的合作新模式。

对应用基础设施，应统筹互联网数据中心建设，利用云计算和绿色节能技术进行升级改造，提高能效和集约化水平。扩大内容分发网络容量和覆盖范围，提升服务能力和安全管理水平。增加网站接入带宽，优化空间布局，实现互联网信息源高速接入。同步推动政府、学校、企事业单位外网网站系统及商业网站系统的 IPv6 升级改造。

对无线宽带网络建设，应支持城市地区以 3G/LTE 网络为主，辅以无线局域网建设无线宽带城市。持续扩大农村地区无线宽带网络的覆盖范围。加大高速公路、高速铁路的无线网络优化力度。

对下一代广播电视宽带网建设，应采用超高速智能光纤和同轴光缆传输技术，通过光纤到小区、光纤到自然村、光纤到楼等方式，结合同轴电缆入户，充分利用广播电视网海量下行带宽、室内多信息点分布的优势，满足不同用户对弹性接入带宽的需要，加快实现宽带网络优化提速，促进宽带普及。

对互联网骨干网优化，应推进网络结构扁平化，扩展骨干链路带宽，提升承载能力。优化骨干网间直联点布局，探索交换中心发展模式，加强对网间互联质量和交换中心的监测，保障骨干网间互联质量，提高互联网服务提供商的接入速度。

对骨干传输网优化，应适度超前建设超高速大容量光传输系统，持续提升骨干传输网络容量。适时引入和推广智能光传输网技术，提高资源调度的智能化水平。增加西部地区光缆路由密度，推进光缆网向格状网演进，提高国家干线网络安全性能①。

（三）实施典型宽带应用示范工程，提高宽带网络应用水平

网络基础设施建设的价值在于应用，只有最大限度地利用好网络资源，才能

---

① 国务院关于印发"宽带中国"战略及实施方案的通知（国发〔2013〕31 号）［EB/OL］.（2013 – 08 – 17）［2016 – 07 – 04］. http：//www. gov. cn/zwgk/2013 – 08/17/content_ 2468348. htm.

将网络资源优势有效地转化为现实生产力，实现"互联网＋"的战略目标。必要时，可采用典型示范的办法，探索宽带应用模式，培训宽带应用人才，总结宽带应用经验，推进宽带应用工作。例如，可以实施中小企业宽带应用示范工程、贫困学校和特殊教育机构宽带应用示范工程以及数字文化宽带应用示范工程等，为宽带应用造舆论、树标杆。具体来说，应着力抓好以下工作：

在经济建设方面，拓展和深化宽带在生产经营中的应用，加快企业宽带联网和基于网络的流程再造与业务创新，利用信息技术改造提升传统产业，实现网络化、智能化、集约化、绿色化发展，促进产业优化升级。不断创新宽带应用模式，培育新市场、新业态，加快电子商务、现代物流、网络金融等现代服务业发展，壮大云计算、物联网、移动互联网、智能终端等新一代信息技术产业。行业专用通信要充分利用公众网络资源，满足宽带化发展需求，逐步减少专用通信网数量。

在社会民生方面，着力深化宽带网络在教育、医疗、就业、社保等民生领域的应用。加快学校宽带网络覆盖，积极发展在线教育，实现优质教育资源共享。推动医疗卫生机构宽带联网，加速发展远程医疗和网络化医疗应用，促进医疗服务均等化。加快就业和社会保障信息服务体系建设，实现管理服务的全覆盖，推进社会保障卡应用，加快跨区域就业和社会保障信息互联互通。加强对信息化基础薄弱地区和特殊群体的宽带网络覆盖和服务支撑。

在文化建设方面，加快文化馆（站）、图书馆、博物馆等公益性文化机构和重大文化工程的宽带联网，优化公共文化信息服务体系，大力发展公共数字文化。提升宽带网络对文化事业和文化创意产业的支撑能力，促进宽带网络和文化发展融合，发展数字文化产业等新型文化业态，增强文化传播能力，提高公共文化服务效能和文化产业规模化、集约化水平，推动文化大发展大繁荣。

在国防建设方面，依托公众网络增强军用网络设施的安全可靠性及应急响应和动态恢复能力。利用关键技术研发成果提升军用网络的技术水平和能力，为军队遂行日常战备、训练演习和非战争军事行动适当预置和接入信道资源。完善公众网络和军用网络资源共享共用、应急组织调度的领导机制和联动工作机制。

在企业生产、教育改革以及文化生活等方面，大力推进宽带的普及应用，充分发挥宽带网络作为电商平台、教育平台和服务平台的功能，让网络成为推动经济发展、促进社会进步、提高生活质量的力量源泉①。

（四）实施"宽带中国"地图建设工程，促进宽带网络产业链不断完善

互联网已经融入产业的方方面面，构成完整的产业链条。当前，网络基础设施建设的要务之一是实现网络即时监测调控，促进宽带网络产业链不断完善。为此，首先要实施"宽带中国"地图建设工程，建立宽带发展监测体系和评价指标体系，建设覆盖全国的宽带发展测评系统，实现对网络覆盖、接入带宽、用户规模、主要网站接入速率等信息的动态监测，建立宽带发展状况报告和宽带地图发布机制。在此基础上应着力抓好以下工作：

研发关键技术。推进实施新一代宽带无线移动通信网、下一代互联网等专项和"863"计划、科技支撑计划等。加强更高速光纤宽带接入、超高速大容量光传输、超大容量路由交换、数字家庭、大规模资源管理调度和数据处理、新一代万维网、新型人机交互、绿色节能、量子通信等领域关键技术研发，着力突破宽带网络关键核心技术，加速形成自主知识产权。进一步完善宽带网络标准体系，积极参与相关国际标准和规范的研究制定。

推动重大产品产业化。在光通信、新一代移动通信、下一代互联网、下一代广播电视网、移动互联网、云计算、数字家庭等重点领域，加大对关键设备核心芯片、高端光电子器件、操作系统等高端产品研发及产业化的支持力度。支持宽带网络核心设备研制、产业化及示范应用，着力突破产业瓶颈，提升自主发展能力。鼓励组建重点领域技术产业联盟，完善产业链上下游协作，推动产业协同创新。

研制智能终端。充分发挥无线和有线宽带网络功能，面向教育、医疗卫生、交通、家居、节能环保、公共安全等重点领域，积极发展物美价廉的移动终端、互联网电视、平板电脑等多种形态的上网终端产品。推动移动互联网操作系统、核心芯片、关键器件等的研发创新。加快3G、TD－LTE及其他技术制式的多模智能终端研发与推广应用。

建设网络支撑平台。充分整合现有资源，在宽带网络相关技术领域推动国家

---

① 国务院关于印发"宽带中国"战略及实施方案的通知（国发〔2013〕31号）〔EB/OL〕.（2013－08－17）〔2016－07－04〕. http：//www. gov. cn/zwgk/2013－08/17/content_ 2468348. htm.

工程中心、实验室等产业创新能力平台建设。研究制定宽带网络发展评测指标体系，构建覆盖全国的宽带网络信息测试与采集系统，实现宽带网络性能常态化监测。

促进宽带接入智能终端的研发和产业化。面向智能手机、智能电视、智能机顶盒、平板电脑等多类型终端和数字家庭网关，组织开展自主操作系统和配套应用的规模商用。突破智能终端处理器芯片、新一代 Web、多模态人机交互、多模智能终端和多屏智能切换等关键技术①。

（五）实施网络安全防护工程，增强宽带网络安全保障能力

网络安全是网络基础设施建设首先要考虑的问题。2013 年 6 月，美国前 CIA 雇员斯诺登爆料美国国家安全局通过思科路由器监控中国网络和电脑。美国思科产品早已全面渗透到我国几乎所有大型网络项目的建设中，涉及政府、海关、邮政、金融、铁路、民航、医疗、军警等要害部门的网络建设，以及中国电信、中国联通等电信运营商的网络基础建设。例如，承载中国互联网 80% 以上流量的中国电信 163 和中国联通 169 两个骨干网络，思科即占据了 70% 以上的份额，并把持着所有超级核心节点。此外，思科还是美国政府和军方的通信设备和网络技术设备主要供应商，在 2006 年美国 115 个政府部门参与的一场"网络风暴"网络战演习中，思科是演习的重要设计者之一。因此，安全专家担心一旦爆发战争，美国政府极有可能利用思科在全球部署的产品发动网络战，进而对敌国实施致命打击②。如何保障网络安全运行，使其远离 DDos 攻击、病毒木马、暴力破解危险，是网络建设必须面对的严峻课题。为此，应做好以下工作：

提高技术支撑能力。加强宽带网络信息安全与应急通信关键技术研究，提高基础软硬件产品、专用安全产品、应急通信装备的可控水平，支持技术产品研发，完善相关产业链，提高宽带网络信息安全与应急通信技术支撑能力。

构建安全防护体系。加快形成与宽带网络发展相适应的安全保障能力，构建下一代网络信息安全防护体系，提高对网络和信息安全事件的监测、发现、预警、研判和应急处置能力，完善网络和重要信息系统的安全风险评估评测机制和

---

① 国务院关于印发"宽带中国"战略及实施方案的通知（国发〔2013〕31 号）[EB/OL]. （2013 - 08 - 17）[2016 - 07 - 04]. http：//www. gov. cn/zwgk/2013 - 08/17/content_ 2468348. htm.
② 魏静. 网络基础设施两万亿"馅饼"待瓜分 [N]. 中国证券报，2013 - 06 - 19（A16）.

手段，提升网络基础设施攻击防范、应急响应和灾难备份恢复能力。

建立应急通信系统。提高宽带网络基础设施的可靠性和抗毁性，逐步实现宽带网络的应急优先服务，提升宽带网络的应急通信保障能力。加强基于宽带技术的应急通信装备配备，加快应急通信系统的宽带化改造。

健全安全管理机制。引导和规范新技术、新应用安全发展，构建安全评测评估体系，提高主动安全管理能力。加强信息保护体系建设，制定和完善个人隐私信息保护、打击网络犯罪等方面的法律法规，推动行业自律和公众监督，加强用户安全宣传教育，构建全方位的社会化治理体系，着力打造安全、健康、诚信的网络环境①。

总之，网络基础设施是新时期我国经济社会发展的战略性公共基础设施，建设宽带网络对于实施"互联网＋"行动计划、拉动投资、刺激消费、优化经济结构、提高生活质量等均具有重要支撑作用。从全球范围看，宽带网络正在掀起一场新的信息化浪潮，许多国家纷纷将互联网基础设施建设作为重大发展战略优先部署，并作为抢占新时期国际经济、科技和产业竞争制高点的重要举措。近年来，我国网络基础设施建设的步伐明显加快，宽带网络覆盖范围不断扩大，接入和传输能力不断增强，网络产业链条初步形成，为下一步网络基础设施建设的有序开展奠定了良好基础。下一步，要加强网络基础设施建设的组织领导，完善制度环境，规范建设秩序，加大财税扶持，优化频谱规划，加强人才培养，深化国际合作，尽快建成与网络强国地位相适应的网络基础设施。

---

① 国务院关于印发"宽带中国"战略及实施方案的通知（国发〔2013〕31 号）〔EB/OL〕. （2013－08－17）〔2016－07－04〕. http：//www. gov. cn/zwgk/2013－08/17/content_ 2468348. htm.

第二章　网络基础设施建设的地位、作用

网络基础设施是一个国家网络运行的必要前提，是互联网发展的基石，是构建信息社会的一项基础性、关键性、支撑性工作，其研发与应用程度直接决定着信息化建设水平及其最终成败。作为新常态下经济社会发展的战略性公共基础设施，网络基础设施是实现国家信息化的载体与基础，也是促进经济增长、增强竞争力和提高人民生活质量的重要基础，在推进"互联网＋"建设中发挥着越来越明显的作用。

一、网络世界创生存在的物质基础

网络世界是特定时代由人类创造和使用的虚拟实在，是由信息基础设施构成的相互联通的网络系统。它在本质上是技术条件下的人工世界。与自然世界不同，网络空间的生成、存在与发展需要相关基础设施作为支撑。基础设施是网络世界最底层的结构，是虚拟网络空间赖以生存发展的基本资源条件，为整个信息网络提供坚实的客观物质基础。基础设施建设对网络世界具有重要的引导和支撑作用。只有具备满足网络正常运行必需的主客观条件，才能满足人类在虚拟化空间开展信息资源交流的需要，满足人们在信息化条件下工作、生活和交流的需要。同时，基础设施的技术水平、功能负荷直接影响着网络空间系统的信息运行效率，是决定网络世界进一步发展的关键环节。

（一）基础设施是网络世界创生的前提性条件

网络空间不是从来就有的，而是随着社会的发展、信息技术的进步而逐步产生的。作为连接现实物理世界与虚拟网络世界的中介性工具，基础设施是由硬件和软件共同构成的，是承载信息的物质载体，是信息交流与数字化活动的公共环境，是网络世界存在与发展的生命线。

1. 基础设施是网络世界存在与发展的逻辑前提

网络世界是现代信息技术条件下的社会现象，它的产生和发展有着自身的逻辑前提，即信息基础设施。在发生学的意义上，基础设施具有逻辑上的先在性，是网络世界成为可能的物理前提；没有基础设施，就不会有网络世界的创生。

从网络世界产生的最初动因来看，就是为了解决人们通过计算机超时空地实现人与人之间自由交流的问题，这就决定了网络空间是人类主体的本质力量客观化的世界，具有超越现实物理世界的相对独立性与虚拟性。现实的物理世界是由客观的实体物质所构筑，是可以看得到、摸得着的符合传统思维习惯的真实空间[①]。与之不同，虚拟网络世界中的一切活动都是在数字化的基础上，通过比特的传输、光电的运作完成的，是无法在经验层次上体验到的，只能借助于一定的媒介工具。

因此，为了让人们获得与经验世界相似甚至相同的互动交流体验，首先需要架构通达现实世界与虚拟世界的中介性工具——包含计算机系统、互联网、电信网、路由器、处理器和控制器等在内的基础设施。基础设施建设是构建网络空间不可逾越的第一关，是人类认识和改造客观世界的本质力量的重要部分。只有在基础设施搭建的物理环境下，互联网才能发挥数字化模拟功能，让参与其中的主体得以突破地理空间的限制，穿越现实物理空间，实现从现实性到虚拟性的转换，完成对现实世界主体需要的映射，进而将不同特性空间下的人类思维活动和实践活动紧密地结合在一起。

2. 基础设施是网络世界存在与发展的技术前提

网络世界的存在与发展在根本上是依靠并通过基础设施完成的，是以计算机技术和互联网技术等共同建构而成的人造空间。其中，基础设施作为信息生产与

---

① 孙中伟，贺军亮，田建文. 网络空间的空间归属及其物质性构建的地理认知 [J]. 世界地理研究，2016，25（2）：149.

交流的重要基础条件，为人们在虚拟空间的信息传输、交流与分享提供最基础的技术支撑。可以说，没有信息基础设施，就无法建立起完备的网络空间，也就没有完全意义上的网络世界。

基础设施是架构网络世界的一般性技术，是支撑网络世界正常运行的物理性结构。通过软硬件等基础设施，搭建起信息传递的信道，进而实现在两个或更多规定端点之间信息的有效连接与快速传输。其中，网络基础设施的硬件设施主要包括计算机、路由器、调制解调器、光纤光缆、电缆、通信管网、机房、无线基站等各类设备，为网络世界构筑基础的物理运行环境。网络基础设施的软件设施则包括网络标准、网络编码、应用软件、网络通信协议等，以保证网络之间的互联和兼容，保护传输数据的安全性、保密性和用户的个人隐私。同时，只有在基础设施建设达到一定规模的时候，网络世界的网络性才能真正显现出来，才能实现信息要素的无障碍流动与传播。

3. 基础设施是网络世界存在与发展的实践前提

基础设施是服务于人类信息交流需要的目的性手段，通过建立四通八达的通信网络，结合各种不同类型的应用系统，形成一个完整的网络体系，是保证人们能够在网络空间生产信息、传递信息、共享信息的基础性条件。

具体来说，通信网络的覆盖程度、光纤光缆的架设范围等硬件设施的建设决定了网络空间的辐射范围和相互连通性；计算机信息系统、相关应用软件等软件设施的应用水平决定了网络信息资源的分配与管理；手机、计算机、平板电脑等各种类型的终端设备的研发、普及则在更大程度上决定了网民的数量规模。例如，在信息时代，人们能够借助手中的鼠标点击浏览器，查看新闻、收发邮件、发布微博、上传或下载文档，或是与世界上其他角落里登录互联网的任何人对话……这些日常的信息交流活动离开了网络基础设施都是无法实现的。基础设施作为人工网络世界的基本构成，是保证主体在现实世界与虚拟世界之间进行信息交互活动的必要前提；作为网络信息的物质承载者，是创设网络空间、发挥网络互联互通功能的实践基础。

（二）基础设施配套是网络世界存在的客观性基础

基础设施是承载网络世界各种数据信息的物质基础，是创造和实现信息网络价值的技术手段，是由通用硬件设施、数据传输设施、数据存储设施和数据处理设施等配套设施相结合建立起来的信息传输交流系统。它位于整个网络世界的底层，是网络空间最基础的技术编码，具有先行性、基础性等特征。

网络世界是人类本质力量的创造物，是在基础设施技术实践活动中创造和实现的，其存在与发展是由基础设施的技术编码内在规定了的，是自然编码和社会编码合力作用的产物。

1. 网络基础设施技术的自然编码

基础设施技术的自然编码是发明、生产和应用基础设施的观念构建。它决定着基础设施从无形技术向有形技术的转化，是信息技术实践活动的内在根据和发展动力。可以说，基础设施技术的自然编码是网络世界从观念的潜在存在向现实的实体存在转化过程中最艰难、最关键也是最重要的环节。在这个阶段，是以技术专家为群体的技术共同体依照技术发展的内在要求和共同兴趣，响应社会的一定需要，根据已有的科学知识和技术经验，基于既有的技术成果，在实验室设计、发明自然状态下不存在、却为技术发展所必需并有可能服务于社会的技术产品的过程[1]。

20 世纪 50 ~ 70 年代，随着计算机的广泛使用，出现了实现计算机与计算机之间实时数据通信的需求。50 年代初，当时的美国国防部为了在与苏联的军事竞赛中拥有更强大的本土防卫和海外防御力量，由国家出资开展了以一台计算机为中心的联机系统研究。60 年代早期，美国兰德公司的保罗·巴朗（Paul Baran）和英国物理实验室的唐纳德·戴维斯（Donald Davies）发明了分组交换技术，这是一种以传输分组的方式传输信息的技术，数据信息以分组为单位在计算机和终端之间通过通信网络存储、转发，使不同速率终端、不同协议的设备经网络提供的协议变换功能后实现互相通信。

这是网络基础设施技术发展史上的里程碑，为真正意义上的计算机网络的诞生提供了理论基础。之后不久，美国航空公司成功地把境内 2000 多台计算机连接到一台主控制计算机上，出现了最早的以计算机为中心的联机系统。到 60 年代末，美国各基金研究中心和大学都配置了当时最新技术装备的计算机，以计算

---

① 巨乃岐. 技术价值论研究 ［D］. 太原：山西大学，2009.

机为中心的互联网络开始形成，共享数据的思想得到了快速发展。

出于军事防御战略的考虑，美国国防部认为应该建立一个能够不依靠单一中央控制计算机、自动调节的计算机网络，这样就可以保障一旦遭遇突发事件，整个通信网络不会因此瘫痪。1969 年 9 月，以分组交换技术为基础，美国政府在西海岸开始筹建面向终端的联机系统——阿帕网（ARPAnet）。虽然当时仅连接了四个节点——加利福尼亚州大学洛杉矶分校、斯坦福大学、加州大学圣巴巴拉分校和犹他州大学的 4 台大型计算机，供科学家们进行终端电脑联网实验用，但它已经具备了网络世界的基本形态和功能，实现了跨地域跨异构网络通信，是因特网（Internet）的早期骨干网，为后来真正意义上的网络世界的存在和发展奠定了重要基础，它的问世也被称为网络传播的"创世纪"。只选择四个电脑主机的主要原因是当时大部分电脑还不能相互兼容，无法做到与个别计算机的网络交流。例如，当时美国陆军的电脑是 DEC，海军是 Honeywell，空军则是 IBM，在一台电脑上完成的工作几乎不可能拿到另一台电脑上使用。同时，其网络传输速度也慢得惊人，在技术上并不具备推广普及的可能性。如何使硬件和软件都不同的电脑实现真正的互联，让越来越多的主机实现通信，在所有用户间设立连接线路，从而构成一个分布式的共享信息系统，是人们力图解决的难题。

为了让不同类型的电脑能够共享资源，就需要明确网络之间的连接方式，建立一个普遍的技术标准，即所有基础设施在接入网络时必须共同遵守的规则，让不同的电脑都能按照一定的规则进行网络连接。1970 年 12 月，鲍勃·卡恩（Bob Kahn）牵头发明出世界上第一个网络控制协议（Network Control Protocol，NCP），这是网络通信最初的标准，用来建立和配置不同的网络层协议。但是要在世界范围内真正建立一个普遍、共同的计算机网络规则标准很不容易，因为在每一项技术中，其技术标准都是该技术的重要组成部分，某一技术的标准化也是这一技术走向成熟和稳定的标志。1972 年 10 月，国际电脑通信大会结束后，主要国家的科学家们都在为此努力。

1973 ~ 1974 年，以瑟夫（Vinton Cerf）为代表的斯坦福网络研究组开发出了 TCP/IP 协议。TCP/IP 协议是 Internet 最基本的协议，又称为传输控制协议/因特网互联协议、网络通信协议，由传输层的 TCP 和协议网络层的 IP 协议组成。TCP/IP 定义了计算机以何种方式接入网络，以及在网络间进行数据传输的标准，即在各种类型的电脑间制定了明确的技术规则，给联网的每一台终端设备都规定一个地址，在收到传输信号后，以共同认可的信号打开通信渠道，在数据安全、正确传输到目的地后还能够关闭通道。制定出 TCP/IP 协议标准后，为了验证其可靠性，1974 年 12 月科学家们做了一个远距离传输试验，在美国本土发送一个信息报，通过点对点的卫星网络、陆地电缆传送回地面，地面传输过程贯穿欧洲，再传送回美国，过程中经过了各种电脑系统，全程共计 9.4 万公里，试验结果显示没有丢失一个数据位。TCP/IP 协议允许单一主机通过网络接口层连接到任何网络，成功地解决了异种机网络互联的一系列理论和技术问题，为后来互联网络的飞速发展打下了坚实的基础。自 1983 年 1 月 1 日起，TCP/IP 协议被确立为计算机网络上所有主机间的共同协议，作为一种必须遵守的规则被各个国家肯定和应用。

2. 网络基础设施技术的社会编码

基础设施是网络世界存在和发展的物质载体，网络世界的发展是基础设施技术得以迅猛前进的物质环境，这也使得在基础设施技术基础上延伸出来的网络空间一方面超越并突破了现实世界，另一方面在网络世界中进行的一切活动都是与现实生活紧密联系在一起的，虚拟空间的形成与发展也是在现实社会环境下进行的。

作为一个开放的架构，网络空间必然包含在现实社会物质生活范围内。互联互通的网络世界涉及的领域是多方面的，如微电子、光电子、光纤光缆、计算机（网络）、服务器、个人通信、自动化、信息工程技术、多媒体信息技术等。要将相关基础设施由技术发明转化为社会化生产，是不可能在自然编码的实验室小范围展开能够解决的，要解决的也不是单纯的技术问题。要在真实的社会生活里将信息网络世界的构想变为现实，是关于基础设施技术发明规模化、社会化生产的社会问题，其中基础设施技术的社会编码是关键性因素。

社会编码是以现实物质社会为基础的一种观念上的理性分析、观念运作、思维构建和组织决策活动，是组织的协商、精心的策划和严密的计划，是以严密组织、社会决策的形式进行的一种观念运作和思维过程①。正是基础设施技术的社会编码把网络基础设施技术与社会生活紧紧联系在一起。它本身是在社会范围内

---

① 巨乃岐. 试论技术价值的生产 ［J］. 洛阳师范学院学报，2010（04）：49.

进行的，必然要受到特定的社会制度和社会关系制约，受到诸多社会性因素的影响。

基础设施技术的社会实现需要相关组织的支持才能发挥作用。要在社会范围内建设完成真正意义上的互联空间，必须取得基础设施建设相关单位（组织）和力量的协同与支持，必须事先与它们达成共识，通过精心策划、周密计划"建立灵活而快速变化的组织"①，通过社会环境对基础设施技术的引导让技术、人才、资金、管理和生产汇聚在新技术、新发明的周围，形成现实的生产力。在这个过程中，政府的宏观政策对基础设施技术社会编码的支持和导向作用非常重要。

在基础设施技术的社会发展进程中，各国政府都会出于多种需要实施必要的网络干预政策。1975 年，当 ARPAnet 基于 TCP/ IP 协议从实验性网络发展为实用性网络后，美国政府将其运行管理移交给国防通信局，以适应建设开放的网络结构环境的需要。由于技术和经费的原因，ARPAnet 当时主要限制在军事领域，并没有在社会范围内引起人们太多的关注。1982 年，美国国防部和美国高级研究计划局联合发布决议，将 TCP/ IP 协议作为 ARPAnet 通信协议，明确了 Internet 是一个互联的网络集合②，推动了 ARPAnet 走出实验室，开始了基础设施技术进入社会应用的新阶段。1984 年，美国国家科学基金会利用 ARPAnet 技术建成了 NSFnet，进行网络扩建工程，标志着 Internet 真正发展的开端。到 1986 年，初步形成了一个由骨干网、区域网和校园网组成的 NSFnet 三级网络。之后的 5 年中，NSFnet 经历了迅速发展的阶段，开始从军事、大学、研究所、政府机构向商业和更多的领域扩展，并相继和其他一些国家和地区联网。到 90 年代初，NSFnet的经营权由国家科学基金会转交给私营企业，美国政府依然是支持这一网络发展的重要力量。1992 年，由当时的几个 Internet 组织合并组建了 Internet 协会。至此，网络基础设施技术的研发与应用从军事通信领域向学术研究和教育领域扩展，这是 Internet 世界发展进程中第二个里程碑意义的事件。

在基础设施技术社会编码中，1993 年美国政府提出的"国家信息基础设施计划"（National Information Infrastructure，NII）即"信息高速公路计划"是其中

---

① 奥利弗·E. 威廉姆森. 资本主义经济制度［M］. 北京：商务印书馆，2002：121.

② Zakon Robert. The MITRE Corporation，"Hobbes' Internet Timeline v3. 3"［EB/OL］.（1997 – 02 – 22）［2016 – 07 – 04］. http：//www. isoc. org/guest/zakon/Internet/History/HIT. html.

重要的一环。根据美国政府报告，定义"国家信息基础设施是一个能给用户提供大量信息、由通讯网络、计算机、数据库以及日用电子产品组成的完备的网络，它能使所有美国人享有信息，并在任何时间、任何地点，通过声音、数据、图像或文字相互传递信息。"它要求在全美境内建成一个由通信网、计算机、信息资源、用户信息设备与人构成互联互通、无所不在的信息网络，该网络能够通达全国各地，通过它为每个用户使用的计算机等信息设备提供接入 NII 的能力。以此为基础，把个人、家庭、学校、图书馆、政府、企业和医院等连接起来，通过 NII 为每个用户提供所需的信息服务。人们可以利用该网络传送音频、图文、多媒体等各种数据资源，并获得各种公用和专用的信息资源。

美国的 NII 计划对全世界产生了深刻的影响，推动了世界范围内信息基础设施技术的快速发展，使 Internet 迅速传遍世界各地，掀起了信息革命的新浪潮，为网络世界在 20 世纪的发展奠定了重要的基础。1994 年，法国政府部长会议上提出了兴建法国信息高速公路的实施方案，在国家战略层面确立了建设多媒体信息传输系统的重要性。同年，英国政府宣布投资 100 亿英镑，用于光线通讯网络技术的研发，以建成一个整体的网络环境，实现信息平台的共享。德国政府也相继提出有关电信市场自由化方面的政策，促进网络基础设施的研发与应用，确保信息资源能够得到充分、有效的利用，推动经济和社会的发展。

国家的政策方针和开发力度在基础设施技术发展过程中直接影响着相关技术的发展路径和发展前景。在我国建设现代化的过程中，20 世纪 80 年代起就制定了相关信息政策，将建设的重点放到信息网络基础设施上，并给予了极大的支持，仅在 1986～1990 年的 4 年时间里就投入了 200 多亿元，以建立国家信息服务系统的总体框架，到 1994 年我国正式接入国际互联网。

如果没有政府层面的政策干预，网络基础设施技术在尖端科技领域、公共事业领域的建设与发展是无法通过市场自主研发完成的。正是因为网络基础设施技术在建设信息网络世界、增强国家信息资源竞争力、提高国家综合实力方面具有重要战略意义，很多国家都非常重视基础设施技术的社会化生产与运作，根据国家安全和经济发展的需要集中社会各个领域的技术支持，实施有计划的基础设施研发工作。

1994 年 3 月，在阿根廷首都布宜诺斯艾利斯举行的世界电子通信发展大会上，美国副总统戈尔发言并首次提出"全球信息基础设施"（GII）的概念，建议将地区之间的 NII 网络联结起来，组成"世界信息高速公路"，实现全球信息共享，让所有人都能共享信息资源，同时宣布美国可以帮助发展中国家解决基础设施建设中的技术难题、资金问题、专业人员培训问题。GII 计划的基本原则是：鼓励私人投资，促进竞争，为所有信息供应商和用户建立与网络沟通的渠道，创造一个灵活的有章可循的环境，以保证与迅速发展的技术和市场变化同步，确保全方位的服务。GII 计划有效推动了世界各国信息基础设施技术的社会化发展和应用，加强了国家间的技术合作，创造了一个新的信息市场，强化了信息间的相互联系，促进了信息产业的发展，推动了网络世界实质意义上的发展，受到世界各国的高度重视。

随着数字基础设施技术的发展，从 20 世纪 90 年代末开始，"信息高速公路"和国际互联网得到了迅猛发展。经过强大而高效的技术社会编码，网络基础设施使得人类世界各项知识得到加速发展，使得信息数据资源获得了更多的商品属性，加快了知识传播的速度，成为信息时代网络社会发展的巨大驱动力。

（三）基础设施升级是网络世界发展的决定性环节

信息网络基础设施是网络空间大系统中一个有机综合的子系统，是为网络的发展提供一般条件的设施，是网络传输正常运行的物理环境。基础设施的发展提供了更好的硬件、软件及信息资源，推动着网络空间的变化与重构。20 世纪 90 年代以来，基础设施技术的进步实现了虚拟信息的获取、传输、存储和处理，其发展实现了人们对资源共享的需求，不仅使人们可以根据不同需求获取所需的信息资源，也让人们对于信息数据资源的利用变得更加方便和快捷。

1. 分组交换技术实现了区域间网络互联

1970 年前后，信息基础设施发展到了一定程度，人们开始设想在打电话沟通之外能够通过计算机进行长途数据通信。分组交换技术（Packet Switching Technology）就是在这种网络技术手段还比较单一的情况下产生的（图 2 - 1）。这是一种以数据分组作为网络信息传输中的基本数据单元，将区域内的设备终端有效连接起来，形成信息共享空间的数据通信技术。它将用户需传送的数据划分成一定长度，每个长度就是一个数据分组；每个分组的前面有一个相应的分组头，其中包含了具体的目的地址和源地址等控制信息，其长度是固定的，平均为

128B；每个分组通过节点逐个传送，通过交换机（分组交换设备）与网络互联，并根据每个分组的地址信息将信息包转发到目的地。

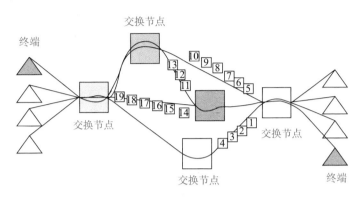

图 2 – 1　分组交换技术

在信息被传送之前需要先呼叫，如果呼叫成功，通信双方就能建立起一条物理通路，然后才能交换信息，直到解除连接。如果在建立连接的通路中沿途某一段中继电路或交换机发生故障，通信就会中断。而分组交换通信网络中，所有分组交换机都与至少两个交换机相连接，每个节点在接收到数据分组后首先处理分组头，并根据相应信息将数据分组传送到路径中的下一个节点，直至到达目的地址；每个分组的传输彼此独立，互不影响；在所有的分组数据都到达目的地后，它们才会被重新组合。当传送路径中发生故障时，分组能够自动避开故障点，找到其他合适的路径迂回到达目的地。如果发送失败，用户只需点击重发即可。在互联网发展的历史上，正是分组交换技术保证了信息传输的可靠性，实现了网络空间计算机与计算机之间快速、可靠的数据通信。通过网络间的互联，再接入国家分组交换网，使得本地与异地的设备终端可以交换数据、共享资源，大大提高了信息传送质量和资源共享效率。

2. 开放系统互连促进了异种机系统互连

20 世纪 80 年代，信息基础设施已经有了相当程度的发展，社会上出现了众多的网络产品。为了让任何人在任何时间、任何地点、任何计算机终端之间都能相互通信，国际标准化组织 ISO 成立了一个专门委员会，致力于解决不兼容系统间的互连问题，提出了开放系统互连标准模型（Open System Interconnection，OSI）。OSI 是国际通用的不同系统间交换信息的通信标准，为网络基础设施领域的研发人员、生产厂家和个人用户提供了共同的操作方法，要求在命令语言的格式和人机交互的信息内容方面要做到一致性，即要"按照开放的接口、服务和支持格式规范而实现的系统，使应用软件：能以最少的修改、实现在不同系统中的移植；能通过本地的或远程系统中的应用实现互操作（互通）；能以方便用户迁移的方式实现同用户的交互"①。

为此，开放系统互连基础标准从系统结构和功能结构两个方面规定了网络建设应配置的硬件部件和功能部件，把网络通信的工作分为七层，按从低到高的顺序，第一层为物理层（对网络基础设备的各种机械的、电气的、功能的规定，形成数据传输需要的实体）；第二层为数据链路层（对连接相邻的开放系统的信道进行差错检测和恢复，保证数据传输的正确性）；第三层为网络层（基于数据链路层的功能，进行不同网络系统间的路径选择）；第四层为传输层（利用终端间的差错控制和通道的多路复用等满足用户对传送质量、传送速度、传送费用的不同需要）；第五层为会话层（建立连接和维持同步会话、传送透明的用户数据）；第六层为表示层（完成不同数据编码的转换，对数据进行加密、解密，提供数据压缩和解压服务）；第七层为应用层（提供网络管理、文件传输和事务处理等服务）。各相邻层之间有清晰的接口，每一层的建设必须严格遵守为该层制定的基本标准。

OSI 的核心目标是在国际范围内施行网络通信和人机交互界面上的共同标准，使各国的网络基础设施在外部特性上趋向一致，让不同厂家、不同型号、不同操作系统的计算机运行能够共存于一个网络中，允许不同的网络互联互通，从而打破了各地区网络自成体系的封闭状态，形成了整体的网络系统环境。这为实现所有信息处理系统之间的互连、互通、互操作和协作奠定了基础②，对全球网络空间的快速发展起到了积极的推动作用。

3. 网络设备技术的进步驱动着网络空间的扩展

网络设备是连接到网络空间的物理实体，不仅提供网络终端之间的通信连接，也提供种类繁多的服务信息和数据资源。随着越来越多的政府机构、学校、

---

① 程家骥. 开放系统互连及其测试 [J]. 计算机与数字工程, 1994 (04)：55 –61.

② 赵小凡. 开放系统互连标准概述 [J]. 电信科学, 1991 (06)：16 –22.

医院、企业的局域网和个人用户相继加入互联网，对通信网络设备的数量、类型和性能等提出了更高的要求。可以说，只有通过网络设备的技术革新才能给信息时代人们的生活提供更高品质的网络服务，它是推动互联空间不断丰富与持续发展的原动力。

网络设备的种类繁多，大致可以分为三个层次，即网络基础设施配套的设备、网络连接设备与网络终端设备。网络基础设施配套设备是承载信息传送功能的系统，如电信接入、有线（无线）接入网等，其任务是把用户接入网络。传统的互联网接入的主要技术支撑是 IPv4，地址位数是 32 位，即最多有 $2^{32}-1$ 个地址。随着互联网的快速发展，IPv4 地址资源已经在 2011 年 2 月 3 日全部分配完毕，地址空间不足成为严重制约网络应用与发展的重要原因。为了扩大地址空间，使互联网具备长足发展的能力，地址版本技术正在从 IPv4 向 IPv6 过渡。IPv6 的地址位数是 128 位，即最多可以有 $2^{128}-1$ 个地址。如果说 IPv4 技术实现了网络空间中的人机连接，那么 IPv6 技术则要将网络扩展深入到人类社会的每个角落，号称"可以为全世界的每一粒沙子编上一个网址"[1]，不仅可以连通传统的网络终端计算机，还能将包括传感器、家用电器、远程照相机、汽车等众多硬件设备连接到一起，将现实世界彻底地网络化，为用户提供广覆盖、低成本、便捷高效的网络接入服务。2012 年 6 月 6 日，国际互联网协会举行了世界 IPv6 启动纪念日，宣布从当日全球标准时间零点（北京时间 8 点整）开始永久性支持 IPv6 访问。据统计，仅仅一年的时间，共 5138365 个域名在各自的域内拥有了 IPv6 地址记录[2]。IPv6 技术不仅解决了网络 IP 地址资源数量有限的问题，更为多种接入设备连入互联网提供了网络系统平台，推动了电子商务、云计算和物联网的发展。

网络连接设备是把分布在网络中的各种计算机终端连接起来的设备的总和，主要包括网内连接设备（如集线器、交换机和中继器等）和网间连接设备（如路由器、网桥等）。以集线器为例，它是网络数据通信系统中的"共享"设备，属于 OSI 体系结构中的第一层物理层，在网络中处于中心位置，主要任务是把网络中的所有节点集中在以它为中心的节点上，对接收到的数字信号进行再生或放

---

① 总政宣传部. 网络新词语选编［M］. 北京：解放军出版社，2014：86.
② 崔勇，吴建平. 下一代互联网与 IPv6 过渡［M］. 北京：清华大学出版社，2014：10.

大后再转发，实现计算机终端设备之间的互连互通。由于集线器采用的是类似"广播"的工作模式，在收到数字信号后会向所有端口转发，同时只能传输一个数据帧，这就使得通过集线器连接起来的所有主机处在同一个网路区域中，即集线器的所有端口都要共享同一个带宽，在同一时间内只能有两个端口传输数据，其他端口只能等待。因此，当网络规模较大即有多台主机同时发送数据信息时，很容易产生信号间的碰撞与冲突，导致信号衰减、性能降低，信号也很容易被窃听。随着互联网逐渐进入人们的日常生活，网络用户数量剧增，传统集线器带来的问题越来越明显。为提高网络运行速率和吞吐率，发展、应用新的网络连接技术成为提高网络性能的核心。在带宽不变的情况下，1990 年 7 月完成的光纤分布式数据接口（FFDI）将带宽分为两部分，一部分用于数据传输，另一部分用于语音、图像，以满足时延敏感信息的要求。由于采用了双环结构，具有较好的容错能力。其网络范围也较大，采用多模光缆时站间最远传输距离为 2000 米，单模光缆时为 60000 米，可连接站数为 500 个[①]。随着芯片技术的发展，三层以太网交换机把不同的用户划分到不同的工作组，通过 ASIC 硬件进行数据信息的转发，有效提高了整个网络的信息处理能力和安全性。

网络终端设备是指专用于网络环境下的终端设备。早期的终端设备如 ENIAC 体积庞大，重量约 30 吨，占地面积约 500 平方米，运行一次计算要 3～5 秒，消耗的电力近 100 千瓦，且适应性很差，价格昂贵，数量极少，只用于专门领域的特殊研究。随着电子管、晶体管、中小规模集成电路、大规模及超大规模集成电路、微电子技术的发展，网络终端设备的体积越来越小，运行速度越来越快，功耗越来越低，性能越来越稳定，如智能手机、上网本、笔记本、平板电脑等终端设备的制造成本越来越低，生产规模越来越大，使用范围越来越广，特别是与传统的计算机相比没有光驱、硬盘、软驱等机械运行部件，主要通过网络获取信息资源，所有的数据存储和应用软件的运行都在服务器上。由于没有 CPU、内存和硬盘等，就不需要增加额外的硬件、软件的维护与升级；应用 TCP/IP 协议，用户可以通过 Internet 实现远程访问与控制；独有的终端协议和加密码技术增强了网络的安全性；通过图像通知缓冲存储器及改进的独有协议大大提高了网络运行的速度，最大限度利用了网络资源，提升了网络的整体性能和灵活性。

---

① 潘启敬. 局域网技术发展现状［J］. 计算机应用，1997（2）：41－44.

二、网络大国充满活力的经络系统

信息基础设施是网络空间存在与发展的物质环境，是电子信息系统的基础运行支撑系统，为信息资源的存储、传输、处理等提供畅通的传输通道。从 1993 年美国推出信息基础实施计划开始，世界各国先后把网络基础设施建设纳入国家经济刺激计划中，推动国家网络覆盖，加快基础设施建设升级，提升国家竞争力。2008 年 7 月 24 日，中国互联网络信息中心（CNNIC）发布了《第 22 次中国互联网络发展状况统计报告》，显示我国网民数量、宽带网民数和国家域名注册量跃居世界第一，标志着我国正式成为世界网络大国之一。时至今日，以国家信息基础设施为支撑平台的信息化建设已经成为国家竞争力的重要内容。作为网络空间信息交互的纽带与基础平台，基础设施已成为协调、连通国家网络肌体的经络，将社会的经济、政治、军事、教育、医疗等功能单元与所需的信息资源连接起来，实现信息资源的自由共享和高效流转，对于提升网络便利指数、提高资源配置效率、积累人力资本等发挥着越来越突出的作用。

（一）基础设施是贯通网络大国的神经系统

网络空间系统是由相互联系的许多种类和数量的基础设施等要素组合而成的，在网络系统的实际运行中基础设施有其特定的基础性、连通性功能。如同铁路是工业时代社会的神经系统一般，基础设施是信息时代网络大国最核心的神经系统。从低端到高端，基础设施的硬件层、软件层和信息层分别组成了骨干网、城域网、局域网等。正是这样层层搭建起来的客观、快捷、有效的基础设施系统，使得任何一台联网的终端设备能够随时随地和整个世界连为一体。

Harley Hahn 曾在《全球 Internet 网址簿》中指出，由信息、计算机、连接物和人组成的网络空间是一个独立的生命体[①]。人体内的神经把神经元相互连接起来构成神经网络系统，当人体接收到来自外界的信息时，对大脑神经发送刺激信号，神经系统则对其做出反应。当人们在联网计算机的搜索引擎中键入问题信息，经过终端、路由器、数据库、数据通道、交换机及相关信息处理后，就可以

---

① Harley Hahn. 全球 Internet 网址簿 ［M］. 北京：机械工业出版社，1999：2.

得到若干答案信息。这一过程类似于人体神经系统中刺激与反应的过程。同时，正如生命有机体是一个极为复杂的整体，各器官、系统之间都不是孤立的，而是通过神经系统相互联系、相互制约的，网络基础设施作为整合、协调数据信息资源的载体，是构建并实现网络整体功能的神经系统，基础设施的水平，如终端节点的性能、接入带宽的传输速率等是网络有机体正常运行的控制调节中枢。

1. 硬件设施是网络大国的虚拟神经元

在神经生物学中，神经元的胞体是信息（刺激－反应）处理中心，树突和轴突负责机体与外界环境间的信息沟通。而在信息网络空间，包括计算机、输入输出设备、路由器、交换机、光纤、电缆、通信卫星等在内的硬件设施是实现这一功能的虚拟神经元。缺乏这些硬件设施，网络就不存在，网络大国更无从谈起。

硬件设施使得人们在任何一个网络节点都可以进行统一的、实时的信息交互活动，实现刺激信息在网络节点之间的传输。不同种类的硬件设施在促进网络发展的作用方式和程度方面各有差异。计算机和各种类型的输入输出设备是网络连接的终端（也称作主机），主要用于制作、存储和展示文字、声音、图形和图像等多媒体信息。随着信息技术的发展，越来越多的非传统终端设备，如移动电话、移动计算机、数码相机、个人数字助手（PDA）、智能电视、汽车、数字相框、家用电器、环境传感设备、智能机器人等进入了人们的生活中。这些终端设备通过路由器、交换器、光纤、光缆、电话线、卫星等数据通道连接到一起，通过网络可以传输文字、发送邮件、举行视频会议、开展远程教育等，实现任意数据终端间的信息连接。路由器是一种实现分组交换的专用计算机，但不是主机的终端设备，具体任务是转发收到的分组数据。没有路由器，再多的网络也无法真正连接在一起。因此，从物理结构上看，网络通过一定的信息通道建立终端与终端之间的联系，其中终端设备是虚拟神经元中的胞体，数据通道则是虚拟神经元的树突和轴突，基本功能是接受信息并将其传至其他神经元，完成信息的存储和转发。

随着网络基础设施的升级与完善、路由器新技术的采用、接入网速率的提高，网络空间实现了家庭、工作场所、城市公共环境的无线网络全覆盖，提高了手机、平板电脑、智能电视等无线终端的使用率。截至 2016 年 6 月，我国各地

光纤网络覆盖家庭已超过 50%，网民规模达到 7.1 亿人，互联网普及率为
51.7%，手机网民中通过 3G/4G 上网的比例为 91.7%，人均周上网时长为 26.5
小时①。可见，信息基础设施硬件系统的发展是网络空间神经元增长的重要助推
力，促进并满足了人们在网络上实现更多工作、生活与沟通交流的需要。

2. DNS 及相应技术标准是网络大国的中枢神经系统

DNS 是域名解析系统（Domain Name System），是将域名和 IP 地址相互映射
的一个分布式数据查询系统，由若干台 DNS 服务器及 DNS 成员机组成，主要用
于域名到 IP 地址的翻译转换。DNS 是互联网的一项核心服务，关系着整个网络
空间的安全与稳定。目前，包括 WWW、Email 和电子商务在内的绝大多数网络
应用都是基于 DNS 展开的。如果 DNS 出现了服务故障和数据错误，就会引起整
个网络应用的瘫痪和混乱。简单地说，DNS 是给网络上的机器命名的系统，类似
于网络世界的门牌号码，能够使人们方便地联入网络。当一台主机通过网络访问
另一台主机（或服务器）时，首先必须获取目的地址（IP 地址）。尽管网络各节
点分别用 IP 地址进行了唯一标识，但是即便将 32 位的二进制 IP 地址写成 4 个
0 ~ 255 的十位数形式，人们使用的时候还是太长、太难记了。因此，人们发明了
域名解析系统，管理主机名和 IP 的对应关系。用户访问一个网站时，既可以输
入 IP 地址，也可以输入域名，二者功能是相同的。因此，从功能层面来讲，DNS
的质量直接决定了一个国家信息基础设施的质量，是保障网络空间正常有序运行
的中枢神经系统。

DNS 规定了两种类型的 DNS 服务器，即主 DNS 服务器和辅助 DNS 服务器。
在一个区中主 DNS 服务器从本机的数据文件中读取该区的 DNS 数据信息，辅助
DNS 服务器则是从区的主 DNS 服务器中读取该区的 DNS 数据信息。当一个辅助
DNS 服务器启动时，需要与主 DNS 服务器通信，并加载数据信息，以完成数据
信息的区传送。DNS 在进行数据信息的区域传送时会分别使用 TCP 协议和 UDP
协议。TCP 是一种面向连接的协议，其中包含了专门的信息安全保障机制，当数
据接收方收到信息时会自动发出确认消息，只有在接收到确认消息以后发送方才

---

① CNNIC. 2016 年第 38 次中国互联网络发展状况统计报告［EB/OL］.（2016 – 08 – 03）［2016 – 08 –
15］. http：//www. 199it. com/archives/502856. html.

会继续传送其他信息。由于加入了各种安全保障功能，TCP 协议在实际执行的过程中会占用大量信息通道，严重影响了信息传输的速度。UDP 协议是与 TCP 相对应的协议，是一种无连接的用户数据包协议，不提供数据信息传送的保证机制，不确保数据信息的发送和接收顺序，但是通信效果更好，运行时 DNS 服务器负载更低，响应更快，极大提高了信息传输速度，如使用短信、QQ、微信等应用发送信息时使用的就是 UDP 协议。

（二）基础设施是滋养网络大国的数字经络

信息是网络空间的实质性内容，现实世界的信息和知识只有编码为比特后才能够以数字信号形式存在于网络空间。现代信息基础设施的发展提高了感测、分析、整合网络运行系统各项数字信息的能力，实现了信息在区域之间、城市之间、国际之间更加广泛的连接、更加集中和更有深度的计算，为民生、城市服务、企事业活动、公共安全等社会领域提供所需的各种信息资源，是滋养网络世界的数字经络系统。这与中医学中的经络系统有着相似之处。所谓经络，是指人体中运行全身气血，联络脏腑肢节，沟通上下内外的通路。它以五官七窍、穴位为感受器或监控装置，与外界环境发生联系、互通信息，组成整个人体的多级控制系统①。通过多器官、多系统的有机协调配合，保证个体生命活动的正常运行。基础设施通过信息通道和控制线路完成数字信息的传播与流通，是网络空间生命力与创造力的有力保障。

1. 传感设备是数字经络的感知基础层

随着信息基础设施的进步，传感设备广泛嵌入各个网络的末端，全面感知整个社会的信息，是网络世界运行发展的感知基础层。这一层的功能是实时采集现实世界中发生的物理事件和数据，如各种摄像头、激光扫描器、射频识别、控制器、二维码、全球定位系统等信息传感设备感测到的声音、视频、坐标、身份等信息数据。感知基础层是决定现实事件能否被感知的前提条件。采集到数据信息后，它本身并不能进行处理，在汇聚数据的同时接收上一级网络传来的控制信

① 王枞，蔡铭洁，涂序彦. 经络系统与信息网络研究［J］. 中国医学影像技术，2003，19（s1）：160－162.

息，并完成相应执行动作（转发给网关），由网关将数据传递到处理层，再利用数字处理和模糊识别技术将数据信息处理为有用的信息。例如，物联网的数据采集就设计了智能传感器、RFID、互联网、通信网等实时定位和数据采集技术。可以说，主要由传感设备组成的感知基础层让整个网络空间有了感觉器官，现实世界能向网络传递各种信息，又能接收来自上层网络的各种控制命令。

世界各国都提高了对国家信息基础设施的建设和关注程度。为实现远距离、跨领域通信，数据信息的采集感知层正在向更加高级、周密和复杂的方向发展，以传感器、高速无线信息基础设施为基础，建设精细、准确、可靠、高效的传感系统是一个国家网络信息平台持续运转的有力支撑。

2. 网络中间层是数字经络的信息传导系统

网络中间层由核心网和各种接入网组成，核心网包括电信网、互联网、广播电视网等，接入网包括运营商的 2G/3G/4G 网络、集群、无线城域网等①，为信息流动提供良好的互通平台。网络层负责将从感知基础层获取的各种数据信息准确、快捷、可靠地传递到网络通达的各个地方。

目前，随着物联网技术的发展，需要采集并传输的物体和事件数据信息量正在高速增长。一种针对物联网的新型网络正在现有核心网的基础上扩展形成，包括 2G/3G/4G 网络在内的各种宽带接入系统都将成为新的接入网的组成部分。随着信息感知节点的增多，网络中间层为海量信息提供安全、快捷的传输通道，是保证数字信息在一个区域、国家或全球范围内传递的信息传导系统。

3. 应用服务层是数字经络的协调控制系统

网络应用是网络存在的理由。应用服务层的首要任务是达成联网用户的自然话语和比特信息的实时交互，支持用户与网络系统进行复杂的交互对话。这就需要连通数字经络系统的用户服务层能够即时将用户的查询信息转变为对外部信息源的物理操作，并将相应的回馈信息传送、提交给用户。这些网络应用包括：20世纪80年代流行的文本电子邮件、文件传输、文本聊天和计算机远程访问等基于文本的网络应用；20世纪90年代中期开始出现的应用程序万维网，它满足了

---

① 谢希仁. 计算机网络 [M]. 北京：电子工业出版社，2011：10.

用户 Web "冲浪"、网络搜索和电子商务的需求；20 世纪末的 P2P 文件共享和具有好友列表的即时讯息（QQ 等），以及随着宽带接入和无线接入在住宅区日益普及的网络电话、网络收音机、IP 电视（IPTV）和流式视频等。如今，越来越多的网络应用服务程序和平台进入人们生活、学习、工作的各个领域，如交通、家居、医疗、物流等。应用服务层能够根据人们预先设定好的程序快速、集中、准确地分析、处理网络层上传的各种传感控制数据，并做出智能化、自动化的控制、协调与处理，实现对信息的有效掌控和管理，保证网络实际运行的高效、快捷。

（三）基础设施是支撑网络大国的技术植被

在地表空间，植被是生态系统的主体，是覆盖地表的植物群落的总称，与大气、水、土壤、气候和物种多样性等息息相关，是人类生存环境的重要组成部分。网络基础设施作为人类智慧的物化和网络世界的命脉，如同地表植被一般互联互通、规模宏大、广泛存在，是现代信息系统实现信息资源动态共享、能力综合继承的基础支撑。然而，基础设施系统不是计算机、光纤、光缆、服务器、电信网、数据库等要素简单堆积在一起组成的物质结构，而是信息时代富含数据信息的网络植被，其核心内容是一个数量庞大、分布于互联空间各种资源之中、协同运行的软硬件系统，直接决定了各类信息资源的获取、利用和流通。良好的基础设施系统有利于电子政府、网上办公、数字图书馆、网上购物等各种网络信息活动的开展，支撑、保障着网络社会的有序发展。

1. 信息共享环境

基础设施系统是数字信息技术在网络中运行所依托的相关硬件系统和软件系统的集合，提供网络社会的信息共享环境，具有承载多形态网络信息业务的能力。随着信息技术的快速发展，基础设施开放式的体系架构决定了它是影响信息资源获取、利用和流转的关键要素，直接影响着国家和地区的信息活动，为信息活动的展开提供必需的物理资源和软件资源。物理资源是指在信息生成、获取、传输和共享的过程中涉及的实体硬件设备，大致可以分为通信资源、计算资源和存储资源等。其中，通信资源是指信息基础设施中保证网络空间各部分实现网络连通的相关网络设备、网络链路、网络带宽等。计算资源是信息基础设施中为完成信息活动提供的各类处理、分析和挖掘数据、信息的信息处理中心和（大型）服务器等。存储资源是指信息基础设施中用于编制、保存各种数据、信息的设备，如存储路由器、数据中心等。软件资源是信息共享过程中涉及的各类网络协议、网络服务、应用系统及相关软件处理工具等，为实现数据信息分发、管理、协作、共享提供服务，同时可以根据社会中某些组织机构的现实需要提供特定领域的信息资源及相关功能的信息服务。

目前，随着空间信息基础设施技术的发展，能否获取多源、多维、多空间的实时、全天候的数据信息已经成为衡量一个国家信息化建设水平的重要标准。空间信息基础设施（National Spatial Information Infrastructure，NSII）是信息基础设施的重要组成部分，是利用通信卫星、导航卫星和遥感卫星系统获取通信、导航定位、遥感等空间信息资源的天地一体化设施，是社会经济智能化发展的必要条件。例如，天地一体化的卫星综合服务系统在我国应急救灾、宽带接入、新闻采集与转播、物联网等领域都创造了显著的经济和社会效益。在经济全球化背景下，空间信息基础设施的发展水平直接影响国家安全和政府管理、决策的现代化水平，地理空间信息应用及相关产业的发展正在成为国际竞争的热点和新的经济增长点①。

2. 资源管理平台

随着信息获取及处理技术、大容量低成本存储技术、宽带接入技术和空间信息通信技术等信息基础设施技术的进步与发展，越来越多的个人计算机、摄像头、智能手机、PAD 等终端设备随时随地可以接入网络，通过搜索引擎、QQ、微信、微博、网络社区、论坛、购物网站等应用平台进行信息活动，产生了大量数据，并源源不断地进入信息基础设施，各行业对信息资源共享的专业化需求越来越强烈，社会民众对网络空间信息服务的质量要求也越来越高。信息基础设施的一项重要内容正是对在地理位置上松散分布、存储着的巨量信息进行计算、分配与动态整合，为指数级别增长的信息交换提供资源管理平台，连通网络上的所有资源，组织、管理各种类型的数字化信息，最终实现网络空间全面的资源共享

---

① 陈庆涛，邓敏. 国内外空间信息基础设施建设进展及其应用中的启示［J］. 测绘通报，2014（7）：1－5.

和协同工作。例如，从 20 世纪 90 年代末开始的网络计算技术研究的核心任务就是以资源互连为基础，使得联网的各种传感器、远程设备、数据库、超级计算机、互联网等融合在一起，搭建网络计算环境，形成高性能计算能力和海量数据存储能力，实现计算资源、存储资源和空间数据资源等的安全共享和协同工作。

3. 信息增值空间

信息基础设施的改善提升了网络空间信息存储的数量和信息传输的速度，提升了信息资源共享的整体应用水平，在社会范围内全面覆盖并已经渗透到社会经济运行、社会管理和公共服务的各个环节，为信息资源的深度开发和信息增值提供了重要的平台支撑，是经济社会繁荣发展的催化剂。

所谓信息增值，是指在信息运动过程中出现的信息在量上、质上和价值上的递增变化[①]。例如，现在人们在日常生活和工作中广泛使用短信、微信、电子邮件、传真和语音通信等多种方式进行信息交流，这些动态变化的数据信息进入基础设施，经过信息处理、分析和加工后就会在相关领域的具体应用中发挥信息增值效应。目前，越来越多的智能手机、平板电脑、智能网关、智能家居等智能设备进入人们的生活中。事实上，这些智能设备就是装配有基础通信设备、传感器等的微型计算机，当它们按约定的通信协议联入网络时就会持续、实时地将数据信息发送到网络。数据信息经过基础设施的采集传递、分类汇总、深度挖掘、交换共享后便会发挥其内在隐藏着的经济价值和社会价值。例如，随着物联网技术的发展和应用，以大规模信息存储技术、宽带网络技术为基础，利用射频识别（RFID）、各种传感器（WSN）、全球定位系统（GPS）、遥感技术等可以将城市每个角落的信息加以收集、整理和归纳，形成丰富的数据资源，为数字城市、智慧城市的建设奠定重要的信息基础。以网格化的传感器作为城市的神经末梢，依托实时反馈的数字神经网络和自主决策系统全面实现城市管理和基础设施的智能化，使城市成为一个自组织、自适应并具有进化能力的智能生命体[②]。同时，借助信息传感设备的普及，教育信息系统管理、城市网格化管理、交通信息管理、

---

① 游斌. 信息增值原理探索［J］. 情报杂志，2006（02）：88.
② 张小娟. 智慧城市系统的要素、结构及模型研究［D］. 广州：华南理工大学，2015.

应急联动处置、电子政务、电子采购等基础设施平台已经成为城市数字化、智能化管理的重要基础，而以物联网为基础的电子商务平台成为当前重要的经济活动形式。

三、网络强国赖以发展的技术平台

信息基础设施的建设与发展使得网络空间已经无处不在，改变了人类社会的生产和生活方式，并深刻影响着一个国家的政治、经济、文化、社会和军事等领域。在高度依赖互联网的信息时代，网络空间基础设施建设水平是决定一个国家发展与繁荣的关键，是新时期经济社会可持续发展的战略基础。因此，习近平总书记在准确把握信息时代发展趋势的基础上高瞻远瞩地提出了加快实施"宽带中国"战略，加强网络基础设施建设，把我国建设成为网络强国的战略目标。

（一）基础设施是实现网络强国的技术平台

高速、移动、安全、泛在的新一代网络基础设施是衡量一个国家科技综合实力的重要标准，是网络强国赖以发展的技术平台。与传统基础设施相比，它不是简单的物质载体和信息通道，而是具有更高技术含量的信息化综合技术平台。

1. 信息网络设施：光网融合

全光纤宽带网络是新一代信息基础设施建设中最基础、最核心的部分，是以光纤为主体的高速率、大容量、宽频带的传输系统。在全光网中，信息以光作为传输媒介，在进出网络时进行电/光变换和光/电变换，在信道编码和交织中显著提高了信号抗干扰能力。可以说，光网融合是实现信息化的重要载体，是高速提升网络容量、降低网络能耗、保障优异的信息传输质量的关键性因素，决定着国家信息网络的整体承载能力。

2008 年全球金融危机以来，光纤宽带网络建设逐渐成为世界各主要国家刺激经济发展的重要手段，并将之作为国家战略，加大了政策支持和政府投入。以美国为例，在 2009 年和 2011 年就先后出台了"政府经济刺激计划"和"国家宽带战略－连接美国"计划，计划用 72 亿美元为不具备宽带接入条件的美国家庭和中小企业提供更好的宽带网络服务（50Mbit/s 或者至少 20Mbit/s），2011～2015 年实现下一代高速无线网络（4G 网络）对全美 98% 地区的覆盖。欧盟则于 2010 年出台"欧盟数字议程"，计划到 2013 年使超高速互联网应用和宽带接入覆盖整个欧盟，到 2020 年 50% 或者更多的欧洲家庭能够使用速率在 100Mbit/s 的互联网接入①。我国提出实施"宽带中国"战略，在《宽带网络基础设施"十二五"规划》（2012 年）和《"宽带中国"战略及实施方案》（2013 年）中指出光纤宽带网络建设是推动国家信息化建设的重要载体和经济社会发展的关键基础设施，致力于打造百兆入户、千兆入楼的接入能力，推进互联网、物联网、云计算等网络设施加速发展。2014 年，中国移动、中国联通、中国电信先后正式启动了宽带网络光纤化改造工程，计划 2016 年年底在全国范围内建成全光纤宽带网络。

2. 信息共享基础设施：云计算平台

云计算平台（或云平台）是重要的信息共享基础设施，是利用远程服务器集群组成的共享数据中心。在云端服务器端，分布于不同节点的数据都是以固定大小、多备份的格式存储在虚拟环境下的。由于资源共享与动态分配技术提供了灵活的资源存储方式，用户只需要一台具备基本计算能力的终端设备和有效的网络连接就可以随时随地、快速灵活地在云计算平台的相关 Web 页面申请使用自己的 IT 资源，而且可以根据喜好或需要获取、组织、管理各类资源。

与传统的信息共享基础设施相比，用户利用云计算平台可以将所有的数据直接存储在云端，需要的时候则可以直接从云端下载；用户不用购买硬件存储设备，只需要联网就可以；由于采用了虚拟化技术，用户不用考虑资源在哪里，只要将自己的需求反馈到云系统，就可以在任意一台计算设备上开展自己的工作，大大提高了资源的利用效率。云计算平台提供了安全、可靠的数据存储中心和高效的数据分析方法，由专业企业和人员负责开发、管理和维护，有着严格的权限管理策略，保障了数据安全。在实际应用中，云计算平台丰富的数据资源对于个人或中小型企业而言降低了投入成本和后期维护费用，为构建低成本、高效的大数据服务提供了资源支撑，用户可以根据特定的需求从中搜集、处理和应用有价值的信息。在电子商务的应用中，云端服务器可以在交易高峰期实现资源动态调配，不会因为一台服务器的瘫痪导致整个网站的瘫痪。

---

① 高光耀，郑从卓. 我国光网城市建设的主要问题及对策研究 [J]. 未来与发展，2013（4）：2-7.

（二）基础设施是支撑网络强国的技术座架

"座架"是德国哲学家海德格尔思想中一个重要的概念，被视为技术的本质，而技术是一种物质性力量。网络基础设施是连通现实世界与虚拟空间的媒介，人与技术意义上的人工智能系统借助信息交互系统相互对话，改变着人们的感知经验、生活方式。可以说，没有基础设施就没有网络，它打破了时间和空间的限制，使得世界上任一地域的人们都能够相互通信和信息共享，使人类的交往活动有了质的提高；没有基础设施技术的发展，就没有网络世界的拓展，其发展状况决定了数字化时代人们使用的工具及其使用方法和过程，改变了人们的思维模式和行为方式，进而改变了社会生活的方方面面，将人类社会的发展历史推进到一个崭新的阶段——网络时代。"如果使用设计和建筑的语言来描述，不妨把它视作一所房屋。不同的是，网络可以成为我们所有人的潜在的家。"① 信息技术设备正在从人所使用的工具转向与人的生存、生活环境趋向一体化，某种意义上，基础设施信息技术创造的网络空间就是人们的生活空间。

1. 基础设施促进了社会生产力的发展

数字基础设施技术的发展改变了传统的信息存在方式，使信息从文字转向数字形式；高速互联网络的普及和多媒体技术的发展拓展了人们的活动半径和认知能力范围；不同形式、不同地域、不同时间的信息在新一代基础设施技术平台上被整合、创造，信息资源在全球范围内流动、共享，改变了工业时代以来的经济生产方式和企业组织方式。

工业时代以来，生产以手工操作或半自动化为主。现在，传统意义上的诸多工种都可以由电脑直接操作和完成，生产流程信息化、自动化、智能化，大大提高了劳动生产率，并打破了以往固定的社会分工。例如，电视机的生产流水线上有一道工序是把元器件插入电路板，一台机器人每小时可插入元器件 72000 个，完成同样的工作量则需要 240 个工人。

---

① 埃瑟·戴森. 2.0 版：数字化时代的生活设计［M］. 胡沪，范海燕，译. 海口：海南出版社，1998：11.

2. 基础设施加速了社会的民主化进程

近代以来，受国家规模、通信条件和公民素质的影响，民众大多通过听报告、读报纸和文件等有限的方式了解政治信息，通过选举代表、投票等方式表达政治意愿。现代通信基础设施的发展与普及实现了信息低成本、大范围的传递，将人造卫星、计算机网络、无线电广播、电视直播等现代通信系统汇聚在一起，组织构建为一个紧密联系的信息传播网，为公民的政治参与活动提供了快捷便利的信息通道。

如今，人们足不出户就可以及时了解国家要闻、国际大事件，可以根据自己的意愿登录政府网站、新闻组、电子公告栏、网上论坛等寻求政府服务，与公务人员沟通等。随着"微"时代的开启，网民更加积极地参与到"反腐""反铺张浪费"进程中，很多人通过网络虚拟社区充当起政府监督员的角色，并通过网络表达自己的政治诉求。近年来，民众为反腐行动的有效开展提供了丰富的线索，网络群体正能量的发挥提高了政府打击腐败的力度。同时，这种信息交流活动是双向的，政府部门可以通过网络开展网上民意调查、网上投票，及时收集、综合相关信息，了解民意，以便更好地修订和完善政策。例如，很多地方政府机构在网上开通了投诉热线、在线答疑、实名制微博等，网民可以通过网络把问题反馈到政府机关，相关机构能够及时了解民众的想法，进而有针对性、更加合理地处理社会矛盾。

（三）基础设施是拓展网络强国的技术沃土

衡量现代信息基础设施技术水平的标准是运算速度、网络带宽和存储能力，打造拥有高技术含量的高速、移动、安全、泛在的新一代信息基础设施是建设网络强国进程中实现关键技术自主可控、提升与网络相关信息产业的竞争力、提高网络安全承载能力的基石与沃土。

1. RFID 技术

无线射频识别技术（Radio Frequency Identification，RFID）又称电子标签技术，是一种非接触式自动识别技术，在对被识别物体的自动识别中主要利用承载信息的射频信号通过电感、电磁耦合或雷达反射的传输特性。现实生活中，

RFID 广泛应用于制造、零售、物流、交通等各个行业，其高精度、大信息容量、较强的环境适应能力和实时、可重复使用、强穿透性、快捷操作等优点有利于实现物体与信息空间中对象的绑定，为构建普遍的智能物体提供了切实可行的途径。

2. 上下文感知计算

上下文感知计算是一种计算模式，指的是系统能发现并有效利用如用户位置、时间、环境参数、邻近的设备和人员、用户活动等上下文信息进行计算。这是实现泛在网络环境下新型人机交互的重要基础。泛在网络环境下，用户可以连续不断地与不同的计算设备进行隐性交互，这就需要系统能快捷、迅速地感知与交互任务有关的具体多样的上下文，以此为依据作出决策，并自动地提供相应的服务，从而可以为身处其中或处在邻近空间的用户提供主动或被动的智能空间。

3. 自然人机交互

泛在网络居于物理世界与虚拟世界的连接层。人机接口使其可以扩展到整个三维物理空间，实现人们工作、生活的物理空间、信息空间、网络空间融合成一个无缝链接的整体。可以说，和谐、自然的人机交互方式旨在利用人们的听觉、视觉等实现具有意图感知能力的交互，是泛在网络关键技术之一。与传统人机交互方式相比，自然人机交互使得人与人之间的信息交互更加自然、方便，具有交互方式的自然性、交互途径的隐蔽性、感知觉通道的多样性和人机交互方式的自然性等特点，人们在实际操作过程中能够获得更加真实、强烈的存在感。

4. 多接入

泛在网络环境下，多接入信道是关键组成部分，其基本功能是为用户提供经济有效、适用的无限带宽，使相互竞争或合作的信息用户之间的交互作用平稳进行。多接入信道主要包含多无线资源管理和通用链路层两个功能实体，前者位于控制层面，负责经由不同无线信道接入的信息资源的无线共同管理；后者是链路层的一个工具箱，负责向该层用户提供透明可靠的数据传送基本服务，为多无线接入技术提供通用的逻辑上无差错的链路层数据处理链路，以实现多操作员环境下异构接入技术的互相合作。

泛在网络是对信息基础设施潜力的深度挖掘和网络效能的高效提升，是融合了无线通信、数字技术、泛在计算、人机交互、嵌入式系统等的现代信息化网络平台。当前，建设移动泛在的网络融合基础，利用多样化的电子通信技术、通用的信息接入技术高效、系统地将传感器、通信终端、可穿戴设备和家电等泛在设备与支持终端移动性个人通信纳入无所不在的泛在网络，构成移动、泛在、融合的网络空间，实现软件、硬件、系统、终端、内容、应用的高度整合，是将物理空间和信息网络空间无缝连接的重要催化剂，是支撑未来信息社会互联化、网络化的关键技术，为网络强国建设提供继续发展的深厚土壤。

第三章　网络基础设施建设的发展历程

网络基础设施（Network Infrastructure）是指为了实现网络应用所需的硬件和软件的集合，是实现信息在网络中互联互通的最底层的基础设施。

一、国际互联网建设发展的历史

Internet 意思是互联网，又称网际网路，根据音译也叫作因特网，是网络与网络之间串联成的庞大网络，这些网络以一组通用的协议相联，形成逻辑上的单一且巨大的全球化网络，在这个网络中有交换机和路由器等网络设备、各种不同的连接链路、种类繁多的服务器以及数不尽的计算机、终端。互联网可以将信息瞬间发送到千里之外，它是信息社会的基础。

国际互联网的前身是美国国防部高级研究计划局网。

（一）ARPAnet：互联网的横空出世

阿帕（ARPA）是美国高级研究计划局（Advanced Research Project Agency）的简称，隶属于美国国防部。1958 年，受苏联发射"旅伴"号人造地球卫星的影响，在时任美国总统艾森豪威尔的提议下，上述机构得以成立，它的主要任务是为军队寻求最新的科学与技术，其核心机构之一是信息处理机构（Information Processing Techniques Office，IPTO），研究电脑图形、网络通信、超级计算机等课题。

阿帕网（ARPAnet）是美国国防部高级研究计划局开发的世界上第一个运营

的封包交换网络，是全球互联网的始祖。

1. 分布式网络的诞生和 ARPAnet 的产生背景

分布式网络是美苏"冷战"的产物。1962 年 3 月，美国科学家保罗·巴朗（Paul Baran）受其雇主美国兰德公司（Rand）指派，开始了关于有效避免受敌方军事打击而导致通信系统中断问题的研究。当时人们已经认识到能否保持科学技术上的领先地位将决定未来战争的胜负，而科学技术的进步有赖于计算机领域的发展。到了 60 年代末，每一个主要的联邦基金研究中心，包括纯商业性组织、大学都具备了由美国新兴电脑工业提供的最新技术装备的电脑设备，电脑中心互联以共享数据的思想得到了迅速发展。兰德公司是当时美国最负盛名的决策咨询机构，它成立于 1948 年，以研究军事尖端科学技术和重大军事战略而闻名于世。

巴朗的任务来自兰德公司和美国军方的一个协议，后者委托兰德公司研究开发"战时通信指挥系统的保护方案"①。

美国国防部认为，如果仅有一个集中的军事指挥中心，一旦这个中心被苏联的核武器摧毁，全国的军事指挥系统将陷入瘫痪状态，后果将不堪设想，因此有必要设计这样一个分散的指挥系统——它由一个个分散的指挥点组成，当部分指挥点被摧毁后其他点仍能正常工作，而这些分散的点又能通过某种形式的通信网取得联系。

巴朗先后向兰德公司提供了 11 份报告，这些报告讨论了"包交换""存储与转发"等技术的工作原理。1964 年 8 月，巴朗发表了一篇奠定互联网架构的经典文献《论分布式通信》（On Distributed Communications）。这篇文章提出了一个观点：在每一台计算机或者每一个网络之间建立一种接口，使网络之间可以相互连接，并且这种连接完全不需要中央控制，只是通过各个网络之间的接口直接相连。按照以往的做法，要在几个节点之间构成一种联系，必须要在节点中选择一个作为网络的中心，让它控制网络的运行，一旦这个中心无法正常工作，其他各节点之间的连接也会断开。而按照巴朗的设想，这种问题就不存在了：一个节点出现故障，其他节点之间仍然可以构成连接。也就是说，一条路走不通，数据

---

① 杨吉. 互联网：一部概念史［M］. 北京：清华大学出版社，2016.

会自动"绕道"抵达目的节点。在整个通信过程中，分布式网络只关心最终把数据信息送到目的地的结果，而不关心具体走哪条线路的过程。

不久，分布式通信网络主体结构就构建出来了。整个网络由 1024 个交换节点组成，通过建立在小型发射塔上的低功率微波发送器发送信息块。每一个节点都是一台中型计算机，相邻发射塔之间的距离控制在 20 英里左右。节点的发射/接收装置由晶体管组成，并且配有小型发电机提供应急动力，在电网受到攻击而瘫痪后，依靠应急动力，这些节点至少还能工作 3 个月。

分布式网络最大的价值是使网络摆脱了一旦信息中心遭到破坏就会导致网络整体崩溃的困境。同时，由于分布式网络具有节点之间相互连接、构成多个回路的特性，数据可以通过"分拆打包"的方式选择多条路径传输，提高了传输效率和可靠性[①]。

2. ARPAnet 的发展历史

"冷战"的压力迫使美国加快了分布式作战指挥网络的建设步伐。

1962 年，J·C·R·利克里德（J. C. R. Licklider）加入美国国防部高级研究计划局（ARPA），并在后来成为 IPTO 的首席执行官。在他任职期间，据估计，整个美国计算机科学领域研究约 70% 由 ARPA 资助，并给予许多研究者自由领域进行试验，从而使 ARPA 不仅成为网络诞生地，同样也是电脑图形、平行过程、计算机模拟飞行等重要成果的诞生地。

1967 年，拉里·罗伯茨来到高级研究计划局 ARPA，着手筹建分布式网络。不到一年，他就提出阿帕网的构想。随着计划的不断改进和完善，罗伯茨在描图纸上陆续绘制了数以百计的网络连接设计图，使其结构日益成熟。

1968 年，罗伯茨提交研究报告《资源共享的计算机网络》，其中着力阐发的就是让"阿帕"的电脑达到互相连接，从而可以分享彼此的研究成果。根据这份报告组建的国防部"高级研究计划局网"就是著名的"阿帕网"，拉里·罗伯茨也成为"阿帕网之父"。

1969 年 11 月，ARPA 开始建立一个命名为 ARPAnet 的网络。最初的 ARPAnet 只有 4 个节点，分布在西海岸的加利福尼亚州大学洛杉矶分校（UCLA）、斯

---

① 杨吉. 互联网：一部概念史［M］. 北京：清华大学出版社，2016.

坦福大学（SRI）、加州大学圣巴巴拉分校（UCSB）、犹他州大学（UTAH）4 所大学的 4 台大型计算机。

虽然如今看来这个最早的网络显得非常原始，传输速度也慢得让人难以接受，但是 ARPAnet 的 4 个节点及其链接已经具备网络的基本形态和功能，所以 ARPAnet 的诞生通常被认为是网络传播的"创世纪"。

选择这 4 个节点的一个因素是考虑到不同类型主机联网的兼容性，它利用了无限分组交换网与卫星通信网，对 ARPAnet 的发展具有重要意义。ARPAnet 在技术上的另一个重大贡献是 TCP/IP 协议簇的开发和利用。作为 Internet 的早期骨干网，ARPAnet 的试验奠定了 Internet 存在和发展的基础，较好地解决了异种机网络互联的一系列理论和技术问题。

由于 ARPA 网无法做到和个别计算机的网络交流，引发了研究者的继续思考。根据诺顿的看法，他的设计需要太多的控制和太多网络中继器设备的标准化。因此，1973 年春天起，文顿·瑟夫和鲍勃·康（Bob Kahn）开始思考如何将 ARPA 网和另外两个已有的网络相连接，尤其是连接卫星网络和基于夏威夷分组无线业务的 ALOHA 网。瑟夫设想了新的计算机交流协议，后来被称为传输控制协议/因特网互联协议（TCP/IP 协议）。

到了 1975 年，ARPAnet 已经连入 100 多台主机，结束了网络试验阶段，被转交到美国国防部通信处（Defense Department Communication Agency）正式运行。此后 ARPA 网不再是试验性和独一无二的网络，大量新的网络在 20 世纪 70 年代开始出现，包括计算机科学研究网络（Computer Science Research Network，CSnet）、加拿大网络（Canadian Network，CDnet）、因时网（Because It′s Time Network，BITnet）和美国国家科学基金网络（National Science Foundation Network，NSFnet）。

在总结第一阶段建网实践经验的基础上，研究人员开始了第二代网络协议的设计工作，这个阶段的重点是网络互联问题。1983 年，ARPA 和美国国防部通信处研制成功了用于异构网络的 TCP/IP 协议（传输控制协议/因特网互联协议），美国加利福尼亚伯克莱分校把该协议作为其 BSD UNIX（加州大学伯克利分校软件组的操作系统）的一部分，使得该协议在社会上流行起来，从而诞生了真正意义上的 Internet（互联网）。

同时，美国国防部国防通信处将 ARPAnet 分为两个独立的部分：一部分仍为

ARPAnet，开展进一步的研究工作；另一部分稍大一些，成为著名的 MILnet，用于军方的非机密通信。局域网和广域网的产生和蓬勃发展对 Internet 的进一步发展起了重要的作用，其中最引人注目的是美国国家科学基金会 NSF（National Science Foundation）建立的 NSFnet。NSF 在全美国建立了按地区划分的计算机广域网，并将这些地区的网络和超级计算机中心互联起来。

1982 年中期 ARPA 网被停用，原先的交流协议 NCP 被禁用，只允许使用 Cern 的 TCP/IP 语言的网站交流。1983 年 1 月 1 日，NCP 成为历史，TCP/IP 协议开始成为通用协议。

1985 年是 TCP/IP 协议突破的一年，当时它成为 UNIX 操作系统的组成部分，最终被放进了 Sun 公司的微系统工作站。

1986 年，美国国家科学基金会利用 ARPA 网发展出来的 IP 通信在 5 个科研教育服务超级计算机中心的基础上建立了 NSFnet 广域网。由于美国国家科学基金会的鼓励和资助，很多大学、政府资助的研究机构甚至私营的研究机构纷纷把自己的局域网并入 NSFnet。当时，ARPAnet 的军用部分已脱离母网，建立了自己的网络——MILnet，ARPA 网逐步被 NSFnet 替代。到 1990 年，ARPA 网退出了历史舞台。如今，NSFnet 成为 Internet 的重要骨干网之一。

（二）Internet：席卷全球的网络狂潮

1986 年，美国国家科学基金会创建了大学之间互联的骨干网络 NSFnet，这是互联网历史上重要的一步。NSFnet 于 1990 年 6 月彻底取代 ARPAnet 成为 Internet 的主干网。NSF 网最初是为科研服务的，由美国国家科学基金会资助建设，目的是连接全美的 5 个超级计算机中心，供 100 多所美国大学共享它们的资源；NSF 网也采用 TCP/IP 协议，且与 Internet 相连，其主要目的是为用户提供共享大型主机的宝贵资源。NSFnet 对 Internet 的最大贡献是使 Internet 向全社会开放，不像以前那样仅供计算机研究人员和政府机构使用。1994 年，NSFnet 转为商业运营，互联网中成功接入的比较重要的其他网络包括 Usenet、Bitnet 和多种商用 X.25 网络。随着接入主机数量的增加，越来越多的人把 Internet 作为通信、交流和开展商业活动的工具[①]。

---

① 特南鲍姆. 计算机网络［M］. 5 版. 严伟，潘爱民，译. 北京：清华大学出版社，2012：127.

随着 Internet 的商业化，其在通信、信息检索、客户服务等方面的巨大潜力被挖掘出来，使 Internet 有了质的飞跃，并最终走向全球。

与 NSFnet 同时发展的还有 ANS 网。1990 年 9 月，Merit，IBM 和 MCI 公司联合建立了一个非营利性组织——先进网络科学公司 ANS。ANS 的目的是建立一个全美范围的 T3 级主干网，它能以 45Mbit/s 的速率传送数据。到 1991 年年底，NSFnet 的全部主干网都与 ANS 提供的 T3 级主干网相联通。

1992 年到 1995 年，美国高级网络服务公司建立的 ANS 取代美国国家科学基金网成为因特网的主干网，此时因特网的主机已超过 100 万台。Internet 的第二次飞跃则归功于 Internet 的商业化，接入因特网的主机达 1000 万台。

20 世纪 90 年代，整个网络向公众开放。1996 年，Internet（互联网）一词广泛流传，不过当时是指几乎整个的万维网。

TCP/IP 因兼具简洁、实用等特性在互联网普及阶段被广泛采用，逐步发展成为全球通用的核心网络协议。但同时，以它为基础而构建的网络平台开始面临一些新的问题。例如，过于自由和分散的大量信息会造成信息来源十分混乱和复杂，导致大量冗余信息和有害信息的侵入等。因此，适当整合网络的信息资源变得非常重要，超链接技术和万维网的整合思想便在此时应运而生。

网络信息资源的空间具有独特性。网络空间的地址访问可以隐藏在链接信息之后，访问者通过点击内容链接直接访问信息资源。这一不用直接关注具体地址的技术称为超链接技术，它是借助超文本传输协议（Hyper Text Transfer Protocol，H1TrP）和超文本置标语言（Hypertext Markup Language，HTML）实现的。通过超文本链接方式不断将网页上的海量信息串连起来，就构成了万维网（World Wide Web，WWW）。其后诞生的以 Yahoo 为代表的门户网站和以 Google 为代表的搜索引擎，在丰富多彩的万维网上为人们提供了更好的整合与查询，大大促进了全球万维网应用的推广。底层分组交换方式、核心层 TCP/IP 协议和顶层 HTTP 协议的有机结合使得计算机网络于 20 世纪 90 年代在全球迅速全面发展。互联网在全球化浪潮中扮演了极其重要的角色，推动人类社会在 21 世纪进入地球村时代和信息化时代。

网络诞生之初，分而治之的思想促进了网络技术自由灵活发展，也方便了公众的参与，在网络的普及阶段发挥了巨大的作用。但是分而治之同样具有缺点，其自由组合造成了网络缺乏层次和等级、缺乏管理和控制，给网络安全和传输服务质量留下了隐患。这种背景下，各种整合势在必行。

21世纪前后，点对点网络（Peer to Peer，P2P）技术逐渐流行。据统计，目前P2P流量已占用互联网带宽50%以上。P2P技术在本质上也是一种整合。路由器设备只检查到IP层，一般不要求也不具备检查具体应用的能力，因此当大量客户访问某服务器时，其网络信息资源就被路由器反复传输，浪费了大量路由器和网络资源。利用P2P技术后，当应用层的客户端发现附近其他客户端也在访问同一服务资源时，它们之间就开始相互传递和共享数据，从而打破了服务器出口带宽的瓶颈，让数据在客户端的电脑之间合用，有效共享和整合了网络资源。

在面向未来的网络远景规划中，互联网和其他网络的融合成为热点话题。国际电信联盟（International Telecommunication Union，ITU）将电信网、因特网甚至有线电视网的融合作为今后大网络的发展方向。

可以预见，主体依托IP网的NGN将是传统电信技术演进中一个重要的里程碑，而融合电信技术乃至电信网将是互联网发展中一个重要的整合方向。

经过十年的发展，互联网成功地容纳了原有计算机网络中的大多数（尽管像Fidonet的一些网络仍然保持独立），这一快速发展要归功于互联网没有中央控制，以及互联网协议非私有的特质，前者成就了互联网的有机生长，后者则鼓励了企业之间的兼容，并防止了某一个公司在互联网上称霸。

（三）称霸网络：美国网络基础设施建设方略

互联网商业化之后，美国人在它的基础上创造了一个又一个企业营利模式的奇迹。我国互联网产业也在不断探索发展，寻找真正合适的生存方式。中国和美国的互联网在趋同与存异的差异化中究竟形成了哪些不同？又是什么力量在起作用[①]？

1. 美国互联网发展现状

美国是世界互联网头号大国。据世界银行报告，七大人口大国之中，美国的

---

① 晨露博客. 中国和美国的互联网差异［EB/OL］.（2011－05－05）［2016－09－10］. http://www.williamlong.info/archives/2647.html.

互联网普及率最高，为 87.4%，远高于中国的 49.3%，一般的美国公民都能利用互联网。2000 年美国有 9500 万网民，2010 年为 2.39 亿，翻了一番。美国的互联网接入平均速率远远超过中国，约为中国的 5 倍。美国基本上都是宽带接入，100Mbit/s 以上网速很普遍，而且网络质量很高。

网络服务器是提供网络信息的终端，在这一方面美国远远走在世界各国的前列。在互联网发展的初期，美国国家相对稳定，互联网、服务器技术领军全球，有些不在美国本土的机构和个人也把自己的服务器放在美国。

据 2010 年的统计，美国知名企业中，Google 拥有 45 万台网络服务器，惠普/EDS 公司拥有 38 万台，微软拥有 30 万台，世界上最大的在线商城和最大的云计算运营商亚马逊拥有 22 万台。各大 IDC（互联网数据中心）服务商中，1&1 Internet 拥有 55000 台服务器，OVH 拥有 55000 台服务器，Rackspace 拥有 50038 台服务器。美国几乎提供了比中国多 28 倍的网络服务器。

总的看来，美国在互联网科技及其服务技术领域远远超出我国。当然，我国的互联网领域发展空间很大，网络开发前景可观。

2. 美国网络基础设施建设的特点

网络安全与信息化发展是新时期我国的立国之本和强国之匙，能否尽快扭转网络信息关键技术受制于人的格局是决定我国网络强国战略成败的关键，关系到我国经济社会发展与国家安全稳定的全局。为此，习近平总书记在中央网络安全和信息化领导小组成立的讲话中明确提出：建设网络强国，要有自己的技术，有过硬的技术，要制定全面的信息技术、网络技术研究发展战略，下大气力解决科研成果转化问题。此处以全球主要网络强国美国为对象，梳理美国信息化关键技术以及网络安全技术的发展经验，比照分析我国关键信息技术发展存在的主要问题，为新时期我国网络强国战略的规划和实施提供借鉴和启示①。

（1）占据先发优势，稳固网络信息技术和产业发展版图

美国是全球网络信息技术的发源地，近半个世纪以来，美国的企业、政府、科研机构相互携手，主导着全球网络信息技术和产业的发展进程，包括英特尔、

---

① 惠志斌. 美国网络信息产业发展经验及对我国网络强国建设的启示［EB/OL］.（2014 – 11 – 17）［2016 – 09 – 10］. http：//news. xinhuanet. com/politics/2014 – 11/17/c_ 127220715. htm.

IBM、高通、思科、苹果、微软、甲骨文、谷歌等一批 IT 巨头控制着全球网络信息产业链的主干，在半导体（集成电路）、通信网络、操作系统、办公系统、数据库、搜索引擎、云计算、大数据等关键技术领域占据明显的先发优势。

硬件方面，自 1958 年美国得州仪器公司发明了第一块集成电路以来，全球信息产业的革命一直以半导体芯片技术发展为主要驱动力，成立于 1968 年的英特尔公司及其生产的中央微处理器芯片（CPU）始终居于技术的制高点和产业的核心地位。无论是出于主观的战略规划还是客观的研发规律，数十年来英特尔芯片技术的研发和制造工艺基本遵循着摩尔定律有条不紊地演进发展并保持技术领先，即"每 18 个月产品性能提高一倍，前进一个技术台阶"，进而带动其他半导体元器件和设备的技术变革，摩尔定律也因此成为全球 IT 硬件技术的基本规律。

高通是美国的一家无线电通信技术研发公司，成立于 1985 年 7 月，在以技术创新推动全球无线通信技术发展方面扮演了至关重要的角色。高通的成功在于通过"无晶圆厂＋专利授权"的模式创造了一个以 CDMA 为载体的技术开发商、设备商以及运营商的生态圈，其研发的 CDMA 技术成为世界上发展最快的无线技术之一，并已经向全球数百家移动设备制造商提供了技术使用授权，几乎涉及了世界上所有电信设备和消费电子设备品牌。

成立于 1976 年的苹果公司在全球高科技企业中以持续快速创新闻名，苹果公司的创新始终以创造完美极致的用户体验为中心。以苹果公司旗下研发的智能手机系列 iPhone 为例，第一代 iPhone 于 2007 年发布，此后每年均有 1～2 个创新系列产品推出，而其操作系统的更新更是频繁，近 6 年来总计约有 50 次的系统升级，软硬件的高速研发步伐使得苹果移动终端始终保持产业竞争优势，苹果手机也因此成为全球销量最大的智能手机。

软件方面，微软操作系统凭借广泛的兼容性和"捆绑"战略而长期垄断。从微软操作系统的整个发展历程来看，其技术创新始终围绕着对各类软硬件产品的兼容展开，并以产品"捆绑"的商业模式遏制竞争对手。正因如此，微软操作系统及其应用程序（浏览器＋办公软件）得以产生强大的磁石效应，推动 PC 产业链各环节对它的技术支持，并不断巩固其产业垄断的地位。

（2）IT 巨头与政府联手引领云计算、大数据等新技术应用

在美国 IT 巨头和政府的共同推动下，云计算、大数据等技术被视为全球网

络信息技术发展的前沿。其中，IBM 作为云计算技术的主要倡导者，其云计算战略是研发和并购双管齐下，迄今已投入超过 30 亿美元收购了多家云计算相关企业。而谷歌则是大数据技术的主要推动者和创新力量。2011 年，谷歌以 7 亿美元收购了数据算法分析公司 ITA Software，注重将大数据分析技术用于解决社会问题，运用集体智慧涉足环境保护等科学技术问题。除了 IT 企业的推动，美国政府也将云计算、大数据等关键技术视为国家战略予以全力推进。例如，2011 年 2 月美国发布《联邦云计算战略（Federal Cloud Computing Strategy）》，要求美国政府在每年总计约 800 亿美元的 IT 开支中有 1/4 左右的部分可以迁移至云计算。2012 年 3 月奥巴马政府正式宣布了"大数据研究和发展倡议"，携手六个政府部门投入 2 亿美元资金，以期实现在科学发现、环境保护、生物医药研究、教育以及国家安全等多个领域的技术突破。

3. 美国网络信息技术和产业的发展经验

回顾美国的信息化发展历程，可以发现美国信息化关键技术和产业之所以在全球取得成功并独占鳌头，有其内在的必然规律，可以将其总结为：①政产学研的协同创新。美国将协同创新视为国家信息化战略的重要基础，通过一系列科技政策加强全社会对信息化关键技术深入持久的支持，逐步形成了政府、产业界、学术界和各种社会力量相互合作的协同创新体系。②知识产权保护和开源运动的双轨发展。一方面，知识产权尤其是专利保护在美国信息化关键技术发展中的作用十分明显；另一方面，开源运动则进一步释放出强大的创新活力。③庞大的技术市场容量。美国的技术市场规模足够大，战后的经济复苏中由商业企业推动了一轮又一轮的技术革新。企业面对庞大的技术需求，愿意尝试新的技术和方法。④创新人才的流动和吸纳。在硅谷乃至全美国，专精尖的高技能人才能够在企业和院校间自由流动，极大地促进了技术的创新进步。此外，美国政府、企业、科研机构等利用资金和环境优势，广泛吸纳国外 IT 业高精尖人才。⑤完备的风险投资机制。美国拥有世界上最成熟的风险投资市场和最完善的风险投资机制，这对轻资产的科技创业公司尤为关键①。

---

① 惠志斌. 美国网络信息产业发展经验及对我国网络强国建设的启示［EB/OL］.（2014－11－17）［2016－09－10］. http：//news. xinhuanet. com/politics/2014－11/17/c＿127220715. htm.

除此之外，美国政府还立足国家安全战略的高度，针对网络信息关键技术和核心产业发展进行管理干预，具体表现为：

一是指定专业技术公司和承包商为美国政府及其相关机构服务。这些公司不对外服务，而是专门为美国政府提供服务，从而确保了美国核心安全技术的安全性和高效的情报能力。这些公司包括进行大数据分析的 Palantir 公司，信息技术咨询公司 Booz Allen Hamilton（斯诺登曾效力的公司）、信号分析处理厂商 Argon ST 以及面向 C4I 系统的网络安全服务厂商 Gnostech 等。美国中央情报局甚至还专门成立了一家名为 In‐Q‐Tel 的风险投资公司。该公司主要投资高科技公司，不以营利为目的，主要目的是确保美国中央情报局能够随时配备最新的信息技术，以支持美国的情报战。

二是限制和阻挠国外企业并购具有核心和敏感安全技术的美国企业。例如，2010 年 5 月，华为提出收购美国三叶系统公司（3Leaf）云计算领域的知识产权资产。2010 年 11 月，华为提交了审查申请。对此，五角大楼和美国外国投资委员会（CFIUS）甚至美国总统都参与了定夺。CFIUS 在对此项收购进行审查之后，最终于 2011 年 2 月 11 日建议华为撤回 3Leaf 的收购计划。如果说对于中国企业，美国出于意识形态和体制的差异而保持警惕，那么阻止同一阵营内的以色列公司 Check Point 收购美国著名开源安全厂商 Sourcefile 的举动就更足以说明美国对本国信息安全的重视程度。

三是限制一些核心的安全技术厂商对外进行技术转移。例如美国政府要求 Fireeye 不能向中国出售其技术，作为利益补偿，美国政府要求五角大楼等政府机构以及相关的国防合同商、大型 IT 厂商部署 Fireeye 的 APT 防护工具。这一举措一方面限制了网络安全核心技术的流失，另一方面也加强了美国诸多实体的安全防御能力。

四是积极支持美国的信息安全企业对外并购，消灭可能的竞争对手。这方面的著名案例是 1998 年 Mcafee 对欧洲知名反病毒厂商 Dr. Solomon 的收购。20 世纪90 年代，反病毒的最新技术并不掌握在美国人手中，而是掌握在 Dr. Solomon 和 Kaspersky 等欧洲厂商手中。Mcafee 凭借美国良好的资本市场和投融资环境迅速发展壮大，并最终成功收购 Dr. Solomon，获得了其完整的反病毒能力[①]。

---

① 惠志斌. 美国网络信息产业发展经验及对我国网络强国建设的启示［EB/OL］.（2014‐11‐17）［2016‐09‐10］. http：//news. xinhuanet. com/politics/2014‐11/17/c_ 127220715. htm.

二、我国互联网基础设施建设的发展历程

（一）1987 年至 1993 年，互联网萌芽阶段

从 1987 年 9 月 20 日钱天白教授发出第一封 E‐mail 开始，到 1994 年 4 月 20 日 NCFG 正式联入 Internet，这段时间里中国的互联网在艰苦的孕育阶段，每前进一步都留下了深深的脚印。这一阶段我国与国际互联网的连接仅仅是电子函件的转发连接，还没有自己的因特网主干网。在此期间中国一些科研部门和高等院校开始研究 Internet 联网技术，并开展了科研课题和科技合作工作。这个阶段的网络应用仅限于小范围内的电子邮件服务，而且仅为少数高等院校、研究机构提供电子邮件服务。正是各个小型网络与国际互联网之间的逐步开通，造就了后来全国与 Internet 的全面亲密接触：1988 年 12 月，清华大学校园网采用胡道元教授从加拿大 BC 大学（University of British Columbia）引进的 X400 协议的电子邮件软件包，通过 X.25 网与加拿大 BC 大学相连，开通电子邮件应用。中国科学院高能物理研究所的 DECnet 随后成为西欧中心 DECnet 的延伸，实现了计算机国际远程联网以及与欧洲和北美地区的电子邮件通信。次年 5 月，中国研究网（CRN）通过德国 DFN 的网关开始与 Internet 沟通。1991 年，中国科学院高能物理研究所连入美国斯坦福线性加速器中心（SLAC）的 LIVEMORE 实验室，并开通电子邮件应用。中国网络开始像蜘蛛结网一样慢慢延伸到世界各地。

（二）1994 年至 1996 年，互联网起步阶段

1994 年 3 月，美国正式批准中国进入因特网。1994 年，我国第一条因特网专线在中国科学院高能物理研究所正式接通，从此中国被国际上正式承认为有互联网的国家。之后，Chinanet、CERnet、CSTnet、ChinaGBnet 等多个互联网络项目在全国相继启动，互联网开始进入公众生活，并得到了迅速发展。1996 年年底，中国互联网用户已达 20 万人，利用互联网开展的业务与应用逐步增多。

1994 年 4 月，中关村地区教育与科研示范网络工程进入互联网，实现了和 Internet 的 TCP/IP 连接，从而开通了 Internet 全功能服务。

互联网开始从少数科学家手中的科研工具走向广大群众。人们通过各种媒体

开始了解到互联网的神奇之处：通过廉价的方式方便地获取自己需要的信息。1994 年，中国科学院高能物理研究所的 IHEPnet 与世界互联网连通，迈出了中国和世界各地数百万台电脑共享信息和软硬件的第一步。1994 年 5 月 15 日，中国科学院高能物理研究所设立了国内第一个 Web 服务器，推出中国第一套网页，除介绍我国高科技发展外，还有一个栏目叫 "Tour in China"。此后，该栏目开始提供包括新闻、经济、文化、商贸等更为广泛的图文并茂的信息，并改名为 "中国之窗"。

互联网的精神是平等、自由，但美国一直以来都反对中国加入互联网络。1991 年 10 月的中美高能物理研究会上，美方发言人沃尔特·托基（Walter Toki）再次提出把中国纳入互联网络。经过托氏的努力，会后双方达成一项协议：美方资助中国联网所需的一半经费，另一半由高能所自行解决。然而，通往 Internet 的荆棘之路并未因此而变得平坦。

当时北京出口所连接的每条线路都要经过仔细的检查。美国还限制对中国出口路由器。经过重重波折，我国终于在 1993 年 3 月与互联网络连通。美国政府担心中国会从互联网络上攫取大量信息和技术成果，提出了苛刻的条件阻挠中国与美国连通：中国专线只能连入能源科学网（ESnet）；不得散布病毒；不得将 Internet 用于军事和商业领域。为了长久的发展，中国接受了这些条件。即便如此，中国在 1992 年 6 月于日本神户举行的 INET′92 年会上仍被告之：接入 Internet 有政治障碍，理由仅仅是互联网有很多美国的政府机构。

专线开通后，美国政府以 Internet 上有许多科技信息和其他各种资源，不能让社会主义国家接入为由，只允许这条专线进入美国能源网，而不能连接到其他地方。尽管如此，这条专线仍是我国连入部分 Internet 的第一条专线，几百名科学家得以在国内使用电子邮件。

与政治霸权的较量一直持续到 1993 年 6 月，NCFC 的专家们在 INET′93 会议上利用各种机会重申了中国连入互联网的要求，获得大部分参会人员的支持。这次会议对中国最终真正连入互联网起到了很大的推动作用。1994 年 1 月，美国国家科学基金会接受 NCFC 正式接入互联网的要求。1994 年 3 月，我国开通并测试了 64Kbit/s 专线，中国获准加入互联网。同年 4 月初，中国科学院副院长胡启恒院士在中美科技合作联委会上代表中国政府向美国国家科学基金会（NSF）正式提出连入互联网的要求，并得到认可。1994 年 4 月 20 日，以 NCFC 工程连入 Internet 国际专线为起点，中国与 Internet 全面接触。同年 5 月，中国的联网工作全部完成，中国网络域名最终确定为 CN。

（三）1997 年至今，互联网快速发展阶段

1997 年我国四大主干网实现互联。1997 年以后国内互联网用户数基本保持每半年翻一番的增长速度。

中国互联网络信息中心（CNNIC）公布的统计报告显示，截至 2001 年 6 月 30 日，我国共有上网计算机约 1002 万台，其中专线上网计算机 163 万台，拨号上网计算机 839 万台；上网用户约 2650 万人，其中专线上网的用户人数为 454 万，拨号上网的用户人数为 1793 万，同时使用专线与拨号的用户人数为 403 万。除计算机外同时使用其他设备（移动终端、信息家电）上网的用户人数为 107 万。CN 下注册的域名 128362 个，WWW 站点 242739 个，国际出口带宽 3257Mbit/s。

当前，我国已建立了四大公用数据通信网，为互联网的发展创造了条件。

（1）中国公用分组交换数据通信网（ChinaPAC）

该网于 1993 年 9 月开通，1996 年年底已覆盖全国县级以上城市和一部分发达地区的乡镇，与世界 23 个国家和地区的 44 个数据网互联。

（2）中国公用数字数据网（ChinaDDN）

该网于 1994 年开通，1996 年年底覆盖到 3000 个县级以上的城市和乡镇。我国四大互联网的骨干大部分采用 ChinaDDN。

（3）中国公用帧中继网（ChinaFRN）

该网已在我国八大区的省会城市设立了节点，向社会提供高速数据和多媒体通信。

（4）中国公用计算机互联网（Chinanet）

该网于 1995 年与 Internet 互联，物理节点覆盖 30 个省（市、自治区）的 200 多个城市，业务范围覆盖所有电话通达的地区。1998 年 7 月，中国公用计算机互联网（Chinanet）骨干网二期工程启动。二期工程将八个大区间的主干带宽扩充至 155M，并将八个大区的节点路由器全部换成千兆位路由器。

2000 年下半年，中国电信利用多路 10Gbit/s DWDM 和千兆位路由器技术对 Chinanet 进行了大规模扩容。目前，Chinanet 网络节点间的路由中继由 155M 提

升到 2.5Gbit/s，提速 16 倍，到 2000 年年底 Chinanet 国内总带宽已达 800Gbit/s，到 2001 年 3 月份国际出口总带宽突破 3Gbit/s。

三、互联网基础设施建设的发展方向

过去十多年，互联网的发展颠覆了传统世界的方方面面，基于 IP 网络的各种业务和应用迅速改造了金融、商务、物流……社会各行业都加速架构在移动网和互联网之上，而产业互联网大潮的到来更使互联网下沉为各行各业都能调用的基础设施。

面对互联网成为共用基础设施的趋势，传统的基础网络正在面临严峻挑战。现有的网络因其设计复杂、开放性不足、调整效率低等已经无法适应下一代互联网对网络基础设施提出的更简单、更开放、更灵活、更广泛的要求，亟待认真思考和重新审视，构建适应万物互联、智能化社会的新一代互联网基础设施。

基础网络设施的业务运营主体正在发生变化。尽管目前网络基础设施仍然由运营商搭建，但是运营商已经不能控制业务发展，更无法左右业务所带来的流量以及这些流量的整体分布。换言之，互联网企业已经成为网络基础设施之上业务和流量的事实主导者。2013 年 8 月，Google 宕机 5 分钟，使得全球互联网整体流量大跌 40%，而在几分钟后，Google 服务全线恢复，全球流量又暴涨了 50%。互联网企业所提供的服务对流量的影响已经展示了这种控制权的变化，而这种控制权的转移也意味着通信产业价值链的转移——在过去的价值链分配中，运营商处于价值链的顶端，拥有产业链的绝对话语权，但是在移动互联网时代，运营商被管道化和边缘化，价值重新分配，互联网企业正在成为价值链的主要部分。

新的价值链主导者有着和传统电信运营商不同的特征。互联网讲究快速创新，更愿意通过与产业链上下游开放合作的方式快速提供整合的业务方案来保持创新的速度。Google 每个季度必须投放 10~12 个新服务，"尽早投放、经常投放、尽快投放"是 Google 的口号，也是他们保持增长曲线的秘诀。这种为了创新不断试错的发展方式使得互联网业务与传统业务相比具有极大的不可预测性——常常会有一种业务突然爆发，拥有大量的用户，形成巨大的流量和入口，但也可能快速湮灭在互联网新业务的大潮中。

（一）互联网对网络基础设施提出新需求

互联网企业特别是移动互联网的发展对网络基础设施提出了新需求，就目前来看，这些需求可以分为三个方面。

（1）更简单

2013 年美国的云通信公司 Twilio 营收 5000 万美元，估值 5 亿美元。这家公司提供的服务可以简单地比喻为"打包运营"。他们给所有应用程序开发者提供 API（应用程序编程接口），让应用程序开发者仅加入几行代码就能够在其应用程序中添加语音电话和短信功能。Twilio 的发展显示了互联网企业的强烈需求：需要能够方便地将网络功能元素与其他功能要素组合，从而产生多种新的不同功能、不同性能的系列产品，并最终形成更优秀的产品形态，这就需要基础网络功能简单易用、界面友好。

（2）更开放

互联网公司业务设计方式已经从"以用户为中心"开始向"用户参与"转变，通过用户深度地参与业务设计，更快速、更准确地把控和满足用户需求。因此，互联网企业希望网络更加开放，更简单地实现调用和配置，也能更方便地通过产业链上下游的合作完成"拼图"，构建整个系统。Facebook 在 2013 年建立了 internet.org，并主动加入了 GSMA。通过这些组织，Facebook 可以增强与运营商的沟通，并联合各国运营商及多家终端厂商形成合作联盟，最大限度地扩展协作，形成更好的服务体系。

（3）更灵活

互联网业务快速迭代，要求网络必须具备快速灵活的拓展架构，方便配合其业务变化的现实需求。Amazon 的 AWS 服务就很好地满足了自身对网络与流量的灵活扩展需求。在打折季时需要极高流量，而平时流量变化则不明显。通过云技术，Amazon 实现了对网络、存储能力的灵活扩展、动态调度，进而提高了资源的使用效率。目前 Amazon 服务可以在保持原系统可用性基础上独立地进行扩展操作，不需要大规模的重新配置就可以快速推出新服务。

产业互联网将带来工作方式和环境的全新变化。人们可以通过虚拟的、移动的方式开展工作，这就需要将无处不在的传感器、嵌入式终端系统、智能控制系统、通信设施通过 CPS（Cyber - Physical Systems）形成一个纵横交错的智能网络，使人与人、人与机器、机器与机器以及服务与服务之间能够实现横向、纵向和端对端的高度互联与集成，让物理设备具有计算、通信、精确控制、远程协调和自治五大功能，实现虚拟网络世界与现实物理世界的深度融合。

（二）网络基础设施及其运营者面临巨大挑战

互联网已经成为第四次工业革命的核心推动力，伴随着本次工业革命的发展，人类生活的方方面面都在发生改变。互联网将逐步主导通信产业，传统的电信基础设施将面临巨大挑战。

（1）挑战一：网络功能设计复杂，耦合度高，可扩展性差

现有架构设计过于复杂，进而导致难以快速升级和优化。传统的电信网络与业务是紧耦合，更多考虑标准化、稳定性和安全性。一方面，为了保障业务不宕机，网络在设计之初节点和接口众多，整个网络很复杂。以 IMS 系统为例，主要网元和功能实体达到 20 个左右，之间设计的流程和接口则更多。另一方面，系统中存在大量不常用功能。以语音业务为例，95% 以上的功能普通用户既没用过，也没听说过。另外，网络设计为一个封闭的系统，一般先设计规范和标准，再进行设备开发测试，很少基于成熟的开源系统设计，一个完整的设计周期一般需要 5 年以上，即使部分功能的优化和升级也需要以年计的时间才能完成。设备、网络和业务在设计和建设时已经紧紧捆绑在一起，缺乏灵活的应变和调整能力，这为后续的重新调整和开发带来巨大的工作量，导致升级困难和迭代周期长（图 3-1）。

（2）挑战二：缺乏集约运营和统一管理

运营商按省、市、县层层划分的体制，业务和网络都是属地化运营为主，骨干网由省公司和集团公司运营，城域网由本地网运营。各省的分割造成网络如一盘散沙，运营商的核心资源成了一个个相对封闭的单元，也让各省网络的质量、管理水平、运维能力、开放性、技术路径各不相同，大大降低了基础网络设施的集约性和统一性。这种分割还造成了网络分段管理，业务开通和响应周期长，缺乏提供端到端的服务质量保障和完整解决方案的能力。互联网最重要的特点之一就是"无边界运营"，网络资源作为其中重要的承载基础，如果不能形成全国一张网、一盘棋，做不到统一、集约、快速的调度，显然对互联网企业的吸引力和对提升互联网业务的良好体验都将大打折扣。

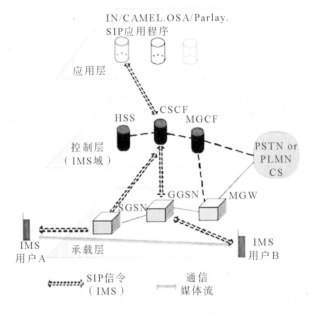

图 3 - 1   IMS 系统架构

（3）挑战三：开放性和分离性不足，缺乏产品化和服务化能力

传统电信基础设施从设计到建设都是以"从内向外"为出发点，是基于现有网络能力体系结构、业务提供方式进行平台的架构设计，即"我有什么你用什么"。

另外，现有网络设施强调整体性，功能分离不足，缺乏模块化和开放设计，难以灵活组合。部分网络还缺乏标准化调用接口，用户需要适应不同提供商和不同提供方式。网络设施的设计主要面向前向用户，较少考虑后向用户的使用要求。由于互联网服务模式的改变，凸显了基础网络能力的服务化、产品化程度不够。例如，多种对时延、丢包等质量指标要求不同的业务混在一起承载，导致高质量要求的业务得不到差异化保障，这在语音、短信为主的时代也许不是问题，然而在强调互联网业务体验的今天，显然是无法满足需要的。

（4）挑战四：网络设施动态调整能力不足

由于网络流量突发性越来越突出，忙时和闲时的流量差别大，数据中心的流量与运营商网络的流量时时充满变数，没有明显的规律，开发能够"随机应变"的网络就提上了议事日程。雅典信息技术学院研发中心的 Iaonnis Tomkus 指出：现在的峰均流量比为 6.5∶1，15 年前则为 2.5∶1，而且不同方向和设备上的负载并不均衡,现有基础网络设施缺乏对这种流量突变的适应性,网络总体利用率不高。

只有有效引导流量才能提高网络利用效率,这就需要网络设施能够识别流量的流向和区分不同流量的服务质量要求。现在一方面应用种类繁多,较大的应用一般采取分布式部署,流量流向复杂;另一方面互联网公司大量采用 CDN 技术,流量流向与用户兴趣点变化密切相关,而运营商往往并不知晓。现有基础网络设施既不能有效引导流量,平衡设备和网络的利用效率,也不具备根据流量变化的灵活调整能力,很难保障突发事件或热点事件营销时互联网企业对网络的需求①。

(三) 新一代互联网基础设施的架构和内涵

随着互联网成为推动全社会产业再造和转型的重要力量,其基础设施不仅仅是网络,而是"网络 + 云资源 + 公共平台"的综合体,提供的服务也不限于通信传输,而是实现人、机、物泛在互联,提供"资源 + 通信 + 信息应用"的综合服务。基础网络不再是以传统硬件为主、设备种类繁多的电信网络,而是软件化集约控制、设备通用化和标准化的智能网络。新一代互联网基础设施提供商不再限于电信运营商,还包括互联网企业和大型企业集团。新一代互联网基础设施不仅提供端到端的连接功能,而且其计算、控制和感知功能大大增强,将提供宽带和泛在的网络连接、智能化的运营、平台化的网络云服务,即一体化的"网络 + 云资源 + 公共平台"服务。

1. 宽带和泛在连接是新一代互联网基础设施的基础

宽带和泛在的网络连接将促使新一代互联网上各种应用/服务广泛普及和易于获取,也是新一代互联网基础设施的基础。

宽带化主要体现在两个方面:一是 4G/5G 等移动宽带与光宽带的部署和普及,提供超高速宽带服务;二是网络承载的高清语音、视频与富媒体等宽带内容占比高,不再是简单的语音和短信业务。超高速宽带网络为云服务的应用和普及提供了基础,4G/5G 或者 FTTH 的宽带网络为"云"和"端"之间的通信提供保障,云数据中心的跨域部署与灵活调度需要骨干网络的提速和更广泛

---

① 景言. 构建新一代互联网基础设施 [J]. 通信管理技术, 2014 (06): 64 - 67.

的覆盖。

泛在化体现在两个方面：一是越来越多的终端设备接入网络，如智能家居、可穿戴设备、工业智能机器人、传感器等，无线、有线能更好地协同，以提供无所不在的连接；二是泛在连接的不仅仅是人与人、人与机器、机器与机器之间的通信，还包括应用与内容，表现为通过门户、搜索、超级 App、Web 链接、语音入口等获取各种具体的应用与内容以及应用内容之间的交叉连接（图 3 – 2）。

图 3 – 2　网络泛在化

2. 智能化运营是新一代互联网基础设施的核心突破

新一代互联网基础设施的智能化运营主要体现在四个方面：一是软件定义的网络；二是云资源的智能调度；三是生态化的演进；四是大数据的深度应用。

（1）软件定义的网络

摩尔定律引发的 IT 计算能力指数级的提升、器件的微型化和高密度集成发展为网络设备融入了更多计算、存储功能，降低了对硬件的要求，并逐步实现硬件的通用化和标准化，减少了网络设备的种类和数量。

网络设备的 IT 化发展促使网络控制功能与转发功能分离，控制功能由逻辑集中的软件系统完成，通过软件定义策略和配置改变网络的属性和能力，大大增强网络的智能性和灵活性，从而可以将现有分段管理、分区域运营模式逐步演进为集中化运营方式，实现一个"轻量级、易调度、可重构、随需而变"的网络。整个网络如同业务平台，能够集约运营管理、能力开放共享、软件模块升级、资源可视化和产品化。从某种角度讲，网络即平台①。

（2）云资源的智能调度

云计算作为新兴的 IT 技术与交付方式，为各种业务/应用提供集约、虚拟化、可管可控的计算和存储资源，改变了网络流量模型，是新一代互联网基础设施的流量超级出入口。云资源池包括 IDC 内部、IDC 之间和 IDC 跨域的高速网络互连，未来将提供跨地区、多数据中心统一协作的资源池服务，根据业务及用户需求实现动态分配、迁移等智能调度，高效地支持业务/应用的弹性扩展和就近服务。

（3）生态化的演进

新一代互联网基础设施会更加强调客户的参与，不断从客户、应用中得到反馈，循环改进。它不再是一个事先确定好的、标准的、封闭的体系，而是由电信运营商、互联网公司和厂商、客户等共同参与完成，不断优化的学习型服务设施。它会根据互联网业务"随需而配，随需而建"，在适应业务过程中不断完善和动态沉浮。新一代互联网基础设施成功的关键是聚集上下游合作伙伴与用户形成有人气的生态系统，并面向客户和业务快速迭代，实现开发运营服务一体化发展。

（4）大数据的深度应用

基于云计算的大数据平台将网络、终端和应用等平台产生的数据进行汇聚分析，可推断、感知和预测未来，促使智能决策应用迎来突破。对于普通消费者，既生活在消费互联网世界，也生活在产业互联网、服务互联网的世界，还生活在现实物理世界，大数据是打通这些世界的桥梁。新一代互联网基础设施是一个生态系统，大数据则是这个生态系统的神经细胞（图 3 - 3）。

---

① 景言. 构建新一代互联网基础设施 [J]. 通信管理技术，2014（06）：64 - 67.

图 3 - 3 大数据的运用过程

3. 平台化的网络云服务是新一代互联网基础设施的突出特征

目前互联网基础设施中网络、云资源、公共平台三部分是分开运营的，而在新一代互联网基础设施架构下，不同服务提供主体和各部分之间将呈现协同开放、合作共赢的局面。平台化的网络云服务为上层消费互联网/产业互联网等提供完整的应用生态服务，包括通信连接、应用托管、网络资源调度、应用分发、公共能力、运营分析等，并形成"前向＋后向"的经营模式，跨专业协同、跨行业合作将成为常态。以智能 CDN 为例，未来的智能 CDN 平台节点能根据业务热点预测、用户分布拓扑进行内容的智能推送，并下沉至网络边缘（如基站、网关等）就近为用户服务，而网络为 CDN 节点动态地调整带宽资源，云资源池根据 CDN 节点的业务迁移而动态迁移计算、存储等虚拟服务资源。

随着互联网的全面普及和网络泛在化、智能化发展，网络安全、应用安全和信息安全面临新威胁和新挑战。新一代互联网基础设施通过网络、云资源、公共平台的协作互动，通过用户虚拟身份和真实身份（包括地址、位置）的交叉认证、IP VPN 或专用传输网的物理通路隔离、数字签名等措施可以在一定程度上解决互联网安全需求。但长期来看，还应加强自主产权的核心芯片、操作系统、加密算法等在新一代互联网基础设施中的应用。

网络的宽带连接、QoS、安全、大数据等通过公共平台形成能力产品，并与业务结合，为最终用户提供可感知的体验服务（Quality of Experience，QoE）。以前服务质量 QoS 主要强调网络连接的分级保障，而在新一代互联网基础设施中更强调用户体验。用户体验包含网络连接的分级、云资源池的处理分级、用户服务体验等，这需要业务与网络之间实时互动、动态调配资源并一体化协作。

20 世纪末提出的"信息高速公路"更多地强调人与人的通信连接、计算机的通信连接能力，核心是不受限制的宽带网络连接。新一代互联网基础设施将以互联网化应用为核心，更强调以人为本和以应用为本，提供"资源 + 通信 + 信息应用"的综合服务。面对新一代互联网基础设施带来的机遇和挑战，所有参与方应当勇于改变、积极参与，以更加开放和整体的思维加快构建新一代互联网基础设施，迎接"连接一切、感知一切"的智慧科技新时代①。

---

① 景言. 构建新一代互联网基础设施［J］. 通信管理技术，2014（06）：64 – 67.

第四章　网络基础设施建设面临的主要问题

1994 年 4 月 20 日，我国通过一条 64K 国际专线全功能接入国际互联网，互联网正式载入我国史册①，网络基础设施建设也随之展开。二十多年来，互联网全面发展，成为我国社会发展、技术进步、国家治理、国际交流的重要载体和途径。我国网络基础设施建设起步较晚，虽然取得重大进步，由一个信息化时代后发型国家迅速成长为网络大国，但还不是网络强国，与日、韩和西方发达国家相比在建设层次、建设质量、系统配套、地区协调、资金保障、国际合作等方面存在明显的差距，建设水平仍然较低。

一、发展速度较慢，网络覆盖率较低，建设水平不高

与网络强国的要求相比，我国基础设施建设在总体上仍然存在着发展速度缓慢、网络覆盖率低、建设水平不高等问题。

（一）总体发展速度较慢

信息化是现代化的必由之路，对经济社会发展具有重要的推动作用。几乎所有国家都将信息化视为国家战略，并不断加大网络基础设施建设的力度，取得巨大成就。如 1993 年美国提出建设"信息高速公路"计划和"数字地球"概念，使网络基础设施建设成为国家经济、社会发展的重中之重，随后各国不断加大网

---

① 中国互联网发展大事记［EB/OL］.（2007 – 01 – 11）［2016 – 09 – 10］. http：//news. xinhuanet. com/hlw/2007 – 01/11/content_ 5593864. html.

络基础设施建设的投入，说明网络基础设施建设已经成为世界各国的共同选择。党的十八大报告提出"走中国特色新型工业化、信息化、城镇化、农业现代化道路，推动信息化和工业化深度融合、工业化和城镇化良性互动、城镇化和农业现代化相互协调，促进工业化、信息化、城镇化、农业现代化同步发展"①。"新四化"战略的提出，表明我国把信息化提升到国家发展战略的高度。2013 年，国务院提出"宽带中国"战略，计划到 2015 年初步建成适应经济社会发展需要的下一代国家信息基础设施，到 2020 年全面普及互联网，技术创新和产业竞争达到国际先进水平，形成较为健全的网络与信息安全保障体系②。

互联网基础设施建设的不断加强、利好政策的持续出台以及"互联网 +"概念在各个行业的提出和应用共同促进了网络社会的不断形成。中国互联网络信息中心（CNNIC）发布的第 38 次《中国互联网络发展状况统计报告》显示，截至 2016 年 6 月，中国网民规模达 7.10 亿人，互联网普及率达到 51.7%，与 2015年底相比提高 1.3 个百分点，超过全球平均水平 3.1 个百分点，超过亚洲平均水平 8.1 个百分点；".CN"域名仍是国内注册量排名第一的主流域名，年增长率达到 19.2%，持续保持为国内注册量最大的顶级域名。手机网民规模达 6.56 亿人，网民中使用手机上网的人群占比由 2015 年年底的 90.1% 提升至 92.5%，仅通过手机上网的网民占比达到 24.5%；同时，移动互联网塑造的社会生活形态进一步加强，"互联网 +"行动计划推动政企服务多元化、移动化发展，互联网金融类应用在 2016 年上半年保持增长态势，网上支付、互联网理财用户规模增长率分别为 9.3% 和 12.3%，在线教育、网上预约出租车、在线政务服务用户规模均突破 1 亿人，多元化、移动化特征明显③。

在看到巨大成绩的同时也应看到仍存在的大量问题：一方面，我国网络建设水平与国际先进水平还存在较大差距，与社会、经济日益增长的需求还存在突出的矛盾；另一方面，由于世界各国都将网络基础设施建设纳入国家发展战略，尤其是世界金融危机后各国网络建设投入增长很快，宽带网速和网络覆盖率等指标

---

① 胡锦涛. 坚定不移沿着中国特色社会主义道路前进　为全面建成小康社会而奋斗［M］. 北京：人民出版社，2012：20.

② 国务院关于印发宽带中国战略及实施方案的通知［EB/OL］.（2013 – 08 – 17）［2016 – 09 – 10］. http：// www. gov. cn/zwgk/2013 – 08/17/content_ 2468348. htm.

③ CNNIC. 中国互联网络发展状况统计报告（2016）［EB/OL］.（2016 – 08 – 03）［2016 – 09 – 10］. ht-tp：//mt. sohu. com/20160226/n438609224. shtml.

迅速提升，我国网络基础设施建设随时面临"慢进亦退"的危险。

当今世界各国信息通信（网络）技术发展成就和竞争力最权威的评价指标是世界经济论坛（World Economic Forum）的网络就绪指数（Networked Readiness Index）。网络就绪指数主要衡量 ICT（Information Communications Technology）推动社会经济发展的成效，简单说就是信息通信技术发展水平。该指数是由世界经济论坛于 2001 年创立的，用于评估一个国家从新兴信息技术中获益并利用数字转型机会的就绪程度，共设有 53 个单项指标，分为四大类，即环境、就绪程度、使用情况和影响力。网络就绪指数有助于评估各经济体利用数字化变革的能力，并评估其从新兴的第四次技术革命中获利的就绪程度。自 2009 年开始，世界经济论坛连续 7 年发布的《全球信息技术报告》对 139 个经济体的信息通信技术发展状况进行了全面评估并排出名次①。世界经济论坛 2016 年 7 月发布的《2016 年全球信息技术报告：数字经济时代推进创新》显示：2016 年各经济体网络就绪指数排名中，新加坡连续两年位居首位，其后依次为芬兰、瑞典、挪威、美国、荷兰、瑞士、英国、卢森堡和日本，前十名的国家和 2015 年相同，分别是两个高收入的亚洲国家、七个欧洲国家和美国。其中，新加坡、芬兰和瑞典依然位居前三，挪威和美国则比 2015 年略有提升，从第 5 和第 7 名上升至第 4 和第 5 名。中国是第 59 名，排名比 2015 年上升了 3 位，在"金砖国家"中仅次于俄罗斯，领先南非、巴西和印度。报告显示，中国排名的上升主要归功于移动宽带服务的迅速增长，以及中国学术机构和企业专利的迅速增多，其中申请宽带服务的用户占总人口的比例从 2015 年的 21.4% 上升到 2016 年的 41.8%，翻了近一番。

从世界网络就绪指数排名可以看出，虽然我国在网络基础设施建设方面取得巨大成就，但与新加坡、芬兰、瑞典、美国等发达国家仍存在较大差距，而且在发展中国家中也仅仅处于中等水平，存在较大的增长空间，必须奋力赶超。

全球最大的 CDN 服务商 Akamai 公司的最新统计数据显示，2015 年第三季度全球平均网速同比增长 14%，其中我国网速仅位于 91 位，比第二季度网速增加7.3%，但与 2014 年同期相比下降了 2.8%，如表 4-1 所示，可见我国网络基础

---

① 世界经济论坛. 2016 年全球信息技术报告［EB/OL］.（2016-07-13）［2016-09-10］. http：//news. 163. com/16/0713/09/BRRJ9N2F00014AED. html.

设施建设的速度仍不容乐观。

表 4 – 1　平均网速排名前十的国家和地区及年度变化

名次	国家和地区	季度变化	年度变化
	世界平均	0.2%	14%
1	韩国	− 11%	− 19%
2	瑞典	8.6%	23%
3	挪威	15%	44%
4	瑞士	3.7%	12%
5	中国香港	− 6.9%	− 2.7%
6	荷兰	3%	12%
7	日本	− 8.1%	0.2%
8	芬兰	5.6%	26%
9	拉脱维亚	2.3%	8.9%
10	捷克	4.5%	18%
91	中国	7.3%	− 2.8%

（二）总体网络覆盖率低

网络覆盖率是衡量网络建设规模最重要的指标，包含移动宽带普及率和固定宽带普及率两项指标。

1. 国外网络覆盖情况

经济合作与发展组织（OECD）2016 年 8 月公布的固定宽带方面的数据显示①，截至 2015 年 12 月，OECD 国家固定宽带用户数达到 3.71 亿，比上年同期增加了 1500 万，平均普及率达到 29%。瑞士、丹麦、荷兰和法国分别以 51.9%、42.4%、41.3% 和 40.4% 的普及率排名前四位。DSL 用户数在固定宽带用户总数中占比为 45.7%，光纤的替代趋势日益明显，光纤用户在固定宽带用户总数中占比从 2014 年 12 月的 16.2% 上升到 19.4%。日本、韩国和拉脱维亚光纤宽带用户数在固定宽带用户总数中的占比最高，分别为 73%、71% 和 61%。

OECD 公布的移动宽带统计数据显示，截至 2015 年 12 月，35 个 OECD 国家

① OECD. 2016 年 35 个 OECD 国家宽带普及率达 90.3% ［EB/OL］.（2016 – 08 – 11）［2016 – 09 – 10］. http：//www. 199it. com/archives/506744. html.

的移动宽带普及率已达到90.3%，意味着在这些国家超过90%的人口都是高速无线互联网用户。而在 2014 年 12 月，OECD 国家的移动宽带普及率只有81.6%。其中，日本以高达 138.8% 的普及率超过芬兰（135.4%）成为 OECD 国家移动宽带发展的领军者。美国则从第 8 名跃升至第 4 名，说明美国市场对视频和数据需求的增长以及日益激烈的竞争。新增的 1.17 亿移动宽带用户拉动了 OECD 国家移动宽带普及率 11.3% 的增长，主要得益于使用智能手机和平板电脑人数的增长。目前，OECD 国家中，日本、芬兰、瑞典、美国、丹麦、澳大利亚、爱沙尼亚、新西兰和韩国 9 个国家的移动宽带普及率都已过百。

2. 我国网络覆盖情况

（1）固定宽带家庭普及率状况

中国宽带联盟发布的 2016 年第二季度《中国宽带普及状况报告》统计数据显示，截至 2016 年第二季度，我国固定宽带家庭用户数累计达到 25720.1 万户（不包含企业固定宽带接入用户及互联网专线接入用户），全国固定宽带家庭普及率为 56.6%。其中，中国电信集团公司、中国移动通信集团公司、中国联合网络通信集团有限公司三家基础电信企业的固定宽带家庭用户数累计达到 23007.9 万户，其他宽带接入业务服务提供商的固定宽带家庭用户数累计达到 2712.2 万户①。宽带网络的光纤化改造工作取得快速进展，全国各地光纤网络覆盖家庭已超过 50%。各省（自治区、直辖市）固定宽带家庭普及率情况如表 4 - 2 所示。

表 4 - 2　各省（自治区、直辖市）固定宽带家庭普及率情况

省（区、市）	固定宽带家庭普及率	排名
浙江省	89.1%	1
江苏省	84.4%	2
北京市	84.0%	3
广东省	76.9%	4
上海市	69.0%	5
福建省	65.9%	6
重庆市	62.7%	7

---

① CNNIC. 中国互联网络发展状况统计报告（2016）［EB/OL］.（2016 - 08 - 03）［2016 - 09 - 10］. http: //mt. sohu. com/20160226/n438609224. shtml.

省（区、市）	固定宽带家庭普及率	排名
河北省	58.5%	8
四川省	57.3%	9
山东省	57.0%	10
山西省	56.5%	11
陕西省	55.8%	12
海南省	54.5%	13
辽宁省	53.6%	14
湖北省	52.9%	15
江西省	52.5%	16
河南省	49.0%	17
天津市	46.7%	18
宁夏回族自治区	46.1%	19
新疆维吾尔自治区	45.5%	20
广西壮族自治区	45.3%	21
安徽省	43.2%	22
吉林省	42.4%	23
黑龙江省	39.1%	24
青海省	38.5%	25
湖南省	37.8%	26
甘肃省	37.5%	27
贵州省	37.0%	28
内蒙古自治区	35.7%	29
西藏自治区	33.5%	30
云南省	32.0%	31

由表4-2可以看出，在全国各省（自治区、直辖市）中，浙江省的固定宽带家庭普及率最高，达到89.1%，排在前五位的还有江苏省、北京市、广东省、上海市；排在后五位的有甘肃省、贵州省、内蒙古自治区、西藏自治区和云南省；有10个省（直辖市）的固定宽带家庭普及率高于全国平均水平，占全国不足1/3。

（2）移动宽带用户普及率状况

中国宽带联盟发布的2016年第二季度《中国宽带普及状况报告》统计数据显示，截至2016年第二季度，我国移动宽带用户数累计达到86918.9万户，全国移动宽带用户普及率为63.8%。其中，三家基础电信企业移动宽带用户数累计达到83782.3万户，移动转售业务服务提供商移动宽带用户数累计达到3136.6万户①。各省（自治区、直辖市）移动宽带用户普及率如表4-3所示。

表4-3 各省（区、市）移动宽带用户普及率及排名

省（区、市）	移动宽带用户普及率	排名
北京市	129.9%	1
上海市	102.6%	2
浙江省	94.2%	3
广东省	94.0%	4
宁夏回族自治区	77.3%	5
福建省	76.9%	6
海南省	74.9%	7
江苏省	73.5%	8
陕西省	71.6%	9
天津市	68.6%	10
重庆市	65.1%	11
辽宁省	64.8%	12
内蒙古自治区	60.4%	13
四川省	59.1%	14
青海省	58.3%	15
贵州省	57.4%	16
新疆维吾尔自治区	57.0%	17
河北省	56.3%	18
山西省	56.2%	19
吉林省	56.2%	19（并列）
西藏自治区	56.2%	19（并列）
山东省	54.5%	22

① 中国宽带联盟. 中国宽带普及状况报告［EB/OL］. (2016-08-11)［2016-09-10］. http://www.chinabda.cn/kdfzbg/252481.shtml.

续表

省（区、市）	移动宽带用户普及率	排名
湖北省	54.3%	23
甘肃省	53.9%	24
广西壮族自治区	53.8%	25
云南省	53.2%	26
河南省	51.5%	27
黑龙江省	50.9%	28
湖南省	48.8%	29
安徽省	46.9%	30
江西省	45.0%	31

从表 4-3 中可以看出，截至 2016 年第二季度，在全国各省（自治区、直辖市）中，北京市的移动宽带用户普及率最高，达到 129.9%，上海市位列第二，达到 102.6%，上述两个直辖市均超过了 100%。排在前五位的地区还有浙江省、广东省和宁夏回族自治区。排在后五位的地区有河南省、黑龙江省、湖南省、安徽省和江西省；有 12 个省（直辖市）的移动宽带用户普及率高于全国平均水平。

3. 中外网络覆盖情况对比

通过我国与经合组织移动宽带用户普及率的对比可以发现，我国平均普及率仅为经合组织的 70.4%，差距明显；与移动宽带普及率最高的日本相比，仅为后者的 45%，差距巨大，如图 4-1 所示。

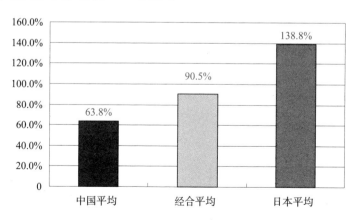

图 4-1　中国、经合组织、日本移动宽带用户普及率对比

在固定宽带普及率方面，如果仅从数据来看，我国平均普及率为56.6%，经合组织平均为29%，似乎领先甚多，但由于我国采用的是固定宽带家庭普及率，而经合组织采用的是固定宽带用户普及率，两者的统计口径存在差别，数据本身并不具有较大参考价值。若按照经合组织的计算方法，假设我国每户平均有两名成年人，用固定宽带家庭普及率除以2，则可得到我国固定宽带用户普及率约为28.3%，是经合组织平均普及率的97.6%，差距较小。而若与普及率最高的丹麦（51.9%）相比，仅为后者36.3%，如图4-2所示。

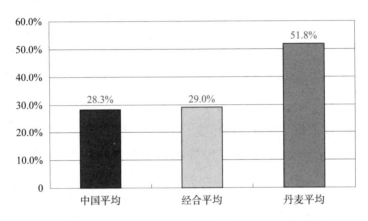

图4-2　中国、经合组织、丹麦固定宽带普及率比较

通过上述对比可以发现，我国在网络基础设施建设方面与世界先进国家存在较大差距。其中，固定宽带普及率基本达到国外平均水平，而移动宽带普及率则存在明显差距，亟需加强建设。

（三）总体网络建设水平低

网络建设水平的衡量指标较多，此处从最重要的网络速度和网络资费两个方面进行比较和分析。

1. 网络速度

中国宽带发展联盟2016年7月30日发布的《中国宽带速率状况报告》数据显示，2016年第二季度，我国固定宽带网络平均下载速度与第一季度相比提升了10.7%，达到10.47Mbit/s，突破10Mbit/s大关。2015年宽带网速增长迅速，一年增长近一倍，2016年第二季度比2015年年底又有超过25%的增长，快速增长势头明显①。网页浏览的首屏呈现时间和视频下载速度继续保持较快增长速度，全国固定宽带用户网页浏览的忙闲时加权平均首屏呈现时间为 1.27s，比 2015 年年底减少了 42%，全国固定宽带用户网络视频的忙闲时加权平均视频下载速率为 8.13Mbit/s，提升了 18.5%。全国基础电信企业签约用户的平均固定宽带接入速率符合度为 111.06%，继续保持在 100% 以上②，如图 4 − 3 所示。

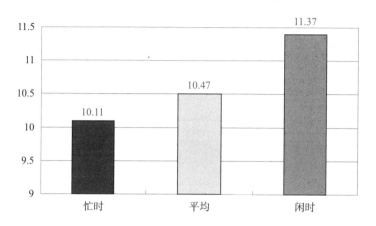

图 4 − 3　全国平均可用下载速率忙、闲时对比（单位：Mbit/s）

从区域情况看，全国有 16 个省（直辖市）的平均下载速率已率先超过 10Mbit/s，占所有省（直辖市）的一半以上，其中上海和北京已超过 12Mbit/s。在直辖市和省会城市宽带速率排行榜上，上海、北京、江苏、山东、天津位居前五位，如表 4 − 4 所示。

从全世界来看，我国的互联网基础设施和应用情况远远落后于发达国家和地区。Akamai 公司的最新统计数据显示，2015 年第三季度全球平均网速同比增长 14%，在第三季度达到了 5.1Mbit/s。但全世界能真正享受到 25.0Mbit/s 以上网速的人还不到总人口的 5%③。互联网用户实际平均网速排在前十位的是韩国、瑞典、挪威、瑞士、中国香港、荷兰、日本、芬兰、拉脱维亚、捷克，见表 4 − 5。中国平均网速只有 3.7Mbit/s，排在全球的第 91 位。

① 工业和信息化部. 中国宽带网速正式突破 10M 大关 [EB/OL]. (2016 − 08 − 01) [2016 − 09 − 10]. http：//it. people. com. cn/n1/2016/0801/c1009 − 28599771. html.

② 中国宽带联盟. 中国宽带速率状况报告 [EB/OL]. (2016 − 02 − 01) [2016 − 09 − 10]. http：//www. chinabda. cn/kdfzbg/111/252431. shtml.

③ 全球各国平均网速排行榜 [EB/OL]. (2016 − 01 − 25) [2016 − 09 − 10]. http：//www. phbang. cn/tech/internet/151833. html.

表 4-4　各省（自治区、直辖市）下载速率　　　　（单位：Mbit/s）

省（区、市）	忙闲时加权平均可用下载速率	忙时平均可用下载速率	闲时平均可用下载速率
上海市	13.21	12.65	13.79
北京市	12.40	11.99	12.94
江苏省	11.76	11.33	12.45
山东省	11.50	11.17	12.46
天津市	11.33	10.99	12.30
河北省	11.09	10.78	12.00
辽宁省	11.09	10.79	11.73
福建省	10.97	10.65	11.75
浙江省	10.51	10.09	11.13
海南省	9.46	9.30	10.10
广东省	8.92	8.62	9.65
河南省	11.24	11.00	11.98
安徽省	10.81	10.52	11.72
江西省	10.80	10.57	11.64
湖南省	10.19	9.96	10.89
吉林省	10.15	9.90	10.86
湖北省	9.55	9.32	10.28
黑龙江省	9.24	9.08	9.71
山西省	9.13	8.98	9.68
四川省	11.54	11.19	12.76
贵州省	10.40	10.10	11.38
宁夏回族自治区	9.90	9.72	10.86
内蒙古自治区	9.43	9.27	10.03
新疆维吾尔自治区	9.32	9.15	10.00
陕西省	9.28	9.05	10.02
重庆市	9.20	8.99	9.77
甘肃省	8.98	8.87	9.55
云南省	8.75	8.49	9.53
广西壮族自治区	8.66	8.53	9.21
西藏自治区	8.58	8.51	8.95
青海省	8.36	8.15	8.96

表 4 - 5　平均网速排名前十的国家和地区

名次	国家和地区	平均网速/（Mbit/s）
	世界平均	5.1
1	韩国	20.5
2	瑞典	17.4
3	挪威	16.4
4	瑞士	16.2
5	中国香港	15.8
6	荷兰	15.6
7	日本	15.0
8	芬兰	14.8
9	拉脱维亚	14.5
10	捷克	14.5
91	中国	3.7

网速峰值方面，新加坡排在第一位，达到了 135.4Mbit/s；中国香港为 101.1Mbit/s，位列第二；中国台湾为 77.9Mbit/s，位列第五。中国的网速峰值为 23.1Mbit/s，排在第 101 位（表 4 - 6）。

表 4 - 6　部分国家和地区的网速峰值排名

名次	国家和地区	平均网速/（Mbit/s）
1	新加坡	135.4
2	中国香港	101.1
3	韩国	86.6
4	日本	78.4
5	中国台湾	77.9
18	荷兰	58.3
45	新西兰	42.0
46	澳大利亚	41.9
101	中国	23.1
116	印度	18.7

通过上述比较可以看出，我国在网络速度方面与国外存在明显差距，不仅达不到世界平均值，排名也相对靠后。这种情况的出现，一方面是客观条件限制所

致，如第一代互联网 IPv4 地址即将耗尽，我国已不能再次申请，而下一代互联网 IPv6 由于种种原因，其普及率也受到影响；另一方面，我国网络基础设施建设方面存在较多问题。如光纤宽带建设严重滞后，早在 2010 年工业和信息化部联合六部委发布光纤宽带的指导意见，但建设速度十分缓慢。虽然已经建成几条光纤通信线路，但固定宽带接入仍主要采用以 ADSL 为代表的铜线宽带技术，提供 512K 起步的带宽，在升级 4M 及以上更高的带宽时就会面临技术、成本方面的瓶颈。而宽带水平较发达的国家主要采用以 FrIvl1H 为主的光纤宽带技术，可以根据用户需求灵活提供 10M、100M、1G 乃至更高的带宽。因此，要加快宽带发展，获得宽带用户普遍满意的高速率，必然要求实施宽带普及提速工程，推动技术换代和网络改造，提高性能价格比和应用水平[①]。

2. 网络资费

宽带如何实现降资费、惠民生、促普及、扩应用，是摆在行业面前的一个重要课题。

中国宽带的关注点主要集中在两方面。第一，宽带的真假问题。相关报告显示，21 世纪以来我国宽带迅速发展，宽带用户数已经超过 1.5 亿户，总规模居于世界前列，而且我国宽带使用的是真宽带，不是假宽带。当前，我国互联网上网接入方式主要有两种，即窄带接入方式和宽带接入方式。窄带接入方式主要有两种，一种是模拟拨号实现上网，速率一般是 56Kbit/s，还有一种在世界上尤其欧洲比较流行的就是窄带综合业务的上网方式，速率是 128Kbit/s。国际电信联盟的统计中一般把 ADSL 统计为宽带上网，速率是以 256Kbit/s 为界限的，中国用户使用的都是 256Kbit/s 以上的，所以我国窄宽带即假宽带已经不存在。

第二，中国宽带的资费是高还是低。事实上，我国宽带用户的户均价格并不高。据《大河报》引用国际机构对世界各国网络资费的研究可以发现，2015 年我国每月 20 小时上网费用平均为 10.13 美元，比大多数国家低，但是按平均速率计算，我国的平均值为 11.1 美元，不仅远远超过美国（0.5 美元）、德国（0.9 美元）、日本（1.0 美元）、英国（1.2 美元）、法国（1.5 美元）等发达国家，而且

---

① 互联网基础设施落后已经成为应用创新发展的瓶颈 [EB/OL]．（2015 – 12 – 17）［2016 – 09 – 10］．http：//www.edu.cn/rd/special_ topic/zbwjt/201512/t20151217_ 1348647.html．

比马来西亚（2.6 美元）、阿根廷（5.8 美元）、土耳其（8.1 美元）等发展中国家要高[1]，如表 4 - 7 所示。

表 4 - 7　2015 年部分国家网络资费比较　　　　　（单位：美元）

国家	每月 20 小时上网费用	人均 GNI	占人均 GNI
美国	14.95	35880	0.5
英国	29.07	29070	1.2
法国	31.29	25032	1.5
德国	19.81	26413	0.9
澳大利亚	24.25	22384	1.3
俄罗斯	22.00	2614	10.1
日本	28.29	33948	1.0
土耳其	18.84	2791	8.1
阿根廷	18.37	3800	5.8
秘鲁	32.67	2142	18.3
南非	58.36	2779	25.5
肯尼亚	68.34	400	205.0
尼日利亚	74.30	350	254.7
印度尼西亚	21.54	810	31.9
马来西亚	8.42	3886	2.6
印度	9.68	540	21.5
巴基斯坦	12.68	519	29.3
中国	10.13	1095	11.1

之所以出现这样的问题，是因为我国当前网络传输主要采用铜线，铜到光的技术转换容易导致网速的降低。如果突破光传输的技术瓶颈，大力建设光纤通信，无论速率的快慢还是价格的高低都会发生根本性的变化。

二、发展不平衡，水平参差不齐

由于网络基础设施建设与经济、教育、地域等因素有着错综复杂的关系，导致城乡之间、区域之间、行业之间网络基础设施建设水平极不平衡。尤其是发达

---

[1]　各国网费对比　全球网速排行中国仅 82 名 [EB/OL]. （2015 - 04 - 01）[2016 - 09 - 10]. http：//jiangsu.china.com.cn/html/jsnews/society/1383464_ 1.html.

地区与落后地区之间、城市与农村之间信息化发展水平差异悬殊，"数字鸿沟"问题突出。

（一）地区间发展不平衡

国家统计局根据信息资源、国家信息网络、信息技术应用、信息技术与商业、信息化人才、信息化改革法规和标准等方面共 25 个指标设置了一套信息化水平评价指标体系，并以此对我国各地区信息化水平进行了初步测算分析。结果表明，我国信息化水平自东向西呈现出梯级下降格局[①]。以当前正在大力开展的光纤网络建设为例，由于光纤网络的建设和管理属于电信、移动、联通等企业的市场行为，考虑到成本、效益等因素，区域和城乡光纤网络的建设发展极不平衡。如北京、上海、广州等经济发达地区已经实现了光纤入户，网络带宽能够达到百兆的级别，但具有明显的地域差距，导致我国带宽平均水平依然较低。

1. 区域间发展不平衡

由于经济、政策、文化、教育等原因，我国不同区域间网络基础设施建设存在严重不平衡现象。

中国宽带联盟发布的 2016 年第二季度《中国宽带普及状况报告》统计数据显示，截至 2016 年第二季度，我国固定宽带用户进行网络下载时，从地域差异来看，东部地区（上海市、北京市、江苏省、山东省、天津市、河北省、辽宁省、福建省、浙江省、海南省、广东省）、中部地区（河南省、安徽省、江西省、湖南省、吉林省、湖北省、黑龙江省、山西省）、西部地区（四川省、贵州省、宁夏回族自治区、内蒙古自治区、新疆维吾尔自治区、陕西省、重庆市、甘肃省、云南省、广西壮族自治区、西藏自治区、青海省）网络下载的忙闲时加权平均可用下载速率（Mbit/s）分别为 10.91、10.23、9.65，如图 4 – 4 所示。

东部地区、中部地区、西部地区网络下载的忙、闲时平均可用下载速率（Mbit/s）分别为 10.48、11.75，10.00、10.95，9.42、10.45，东部地区忙、闲时均最高，如图 4 – 5 所示。

---

① 国家统计局统计科学研究所"信息化统计评价"研究组. 2012 年中国信息化发展指数（Ⅱ）国际比较研究 [J]. 调研世界，2013（1）：4 – 9.

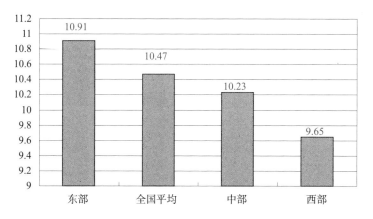

图 4 - 4　东、中、西部平均下载速率对比（单位：Mbit/s）

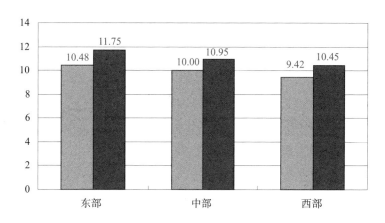

图 4 - 5　东、中、西部忙、闲时平均可用下载速率对比（单位：Mbit/s）

2. 省（自治区、直辖市）间发展不平衡

中国宽带联盟发布的 2016 年第二季度《中国宽带普及状况报告》统计数据显示，截至 2016 年第二季度，在全国各省（自治区、直辖市）中，固定宽带家庭普及率前五名分别为浙江省（89.1%）、江苏省（84.4%）、北京市（84.0%）、广东省（76.9%）、上海市（69.0%），后五名为甘肃省（37.5%）、贵州省（37.0%）、内蒙古自治区（35.7%）、西藏自治区（33.5%）和云南省（32.0%）。在 31 个省（自治区、直辖市）中，仍有 21 个省（自治区、直辖市）的固定宽带家庭普及率低于全国平均水平。其中，普及率最高的浙江省与最低的云南省相差 57.1 个百分点，前者是后者的 278.4%，见图 4 - 6。

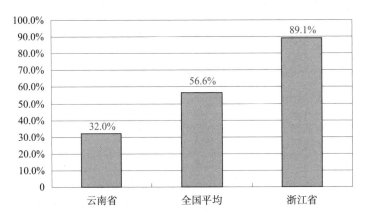

图 4 – 6　我国省（自治区、直辖市）固定宽带普及率比较

　　在移动宽带用户普及率方面，不同区域也存在明显差距。中国宽带联盟2016年第二季度统计数据显示，截至2016年第二季度，排在前五位的地区分别是北京市（129.9%）、上海市（102.6%）、浙江省（94.2%）、广东省（94.0%）和宁夏回族自治区（77.3%），排在后五位的地区分别是河南省（51.5%）、黑龙江省（50.9%）、湖南省（48.8%）、安徽省（46.9%）和江西省（45.0%），有19个省（自治区、直辖市）的移动宽带用户普及率低于全国平均水平①。其中，第一位北京市的普及率比最后一名江西省高出84.9个百分点，是后者的288.7%。宁夏回族自治区虽然位列第五，但比第四名广东省低了16.7个百分点。可见，以北京市、上海市为代表的发达地区在移动宽带用户普及率方面远远超过全国平均水平，地区间发展不平衡显著，见图4 – 7。

　　除了上述在宽带普及率方面区域间存在严重不平衡外，在网络"质"的方面不平衡现象依然严重。中国宽带发展联盟2016年第二季度《中国宽带速率状况报告》数据显示，2016年第二季度我国固定宽带网络平均下载速率达到10.47Mbit/s。

　　在省宽带速率（Mbit/s）排行榜上，上海市（13.21、12.65、13.79）、北京市（12.40、11.99、12.94）、江苏省（11.76、11.33、12.45）、山东省（11.50、11.17、12.46）、天津市（11.33、10.99、12.30）位居前五位，甘肃省（8.98、

---

① 中国宽带联盟. 中国宽带普及状况报告［EB/OL］.（2016 – 08 – 11）［2016 – 09 – 10］. http：//www.chinabda.cn/kdfzbg/252481.shtml.

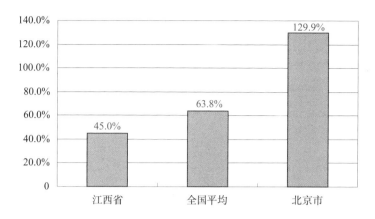

图 4 - 7　我国省（自治区、直辖市）移动宽带普及率比较

8.87、9.55）、云南省（8.75、8.49、9.53）、广西壮族自治区（8.66、8.53、9.21）、西藏自治区（8.58、8.51、8.95）、青海省（8.36、8.15、8.96）位于后五位。宽带速率最高的上海市平均下载速率、忙时平均下载速率、闲时平均下载速率三项指标比最低的青海省分别高出 4.85Mbit/s、4.50Mbit/s、4.83Mbit/s，分别是后者的 158.0%、155.2%、153.9%，差距十分明显，如图 4 - 8 所示。

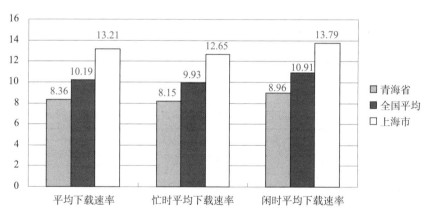

图 4 - 8　我国省（自治区、直辖市）网速比较（单位：Mbit/s）

3. 直辖市与省会城市间发展不平衡

中国宽带发展联盟发布的 2016 年第二季度《中国宽带速率状况报告》数据显示，2016 年第二季度全国忙闲时加权平均可用下载速率为 10.77Mbit/s，31 个直辖市与省会城市的忙闲时加权平均可用下载速率平均为 10.15Mbit/s，31 个城

市中只有11个（35.5%）在全国平均水平以上。可见，我国直辖市和省会城市的平均网速在全国范围内普遍较慢，也说明这些重点城市的网络基础设施建设滞后，与城市发展需求存在严重矛盾。

在城市网速排行榜上，前五名的城市分别为上海（13.21Mbit/s）、北京（12.40Mbit/s）、成都（11.74Mbit/s）、南京（11.42Mbit/s）、天津（11.33Mbit/s），后五名的城市分别为太原（8.80Mbit/s）、昆明（8.70Mbit/s）、南宁（8.68Mbit/s）、西宁（8.41Mbit/s）、拉萨（8.20Mbit/s）。其中，第一名上海市的忙闲时加权平均可用下载速率比最后一名拉萨高出了5.01Mbit/s，是后者的161.1%，差距明显，如图4-9和表4-8所示。

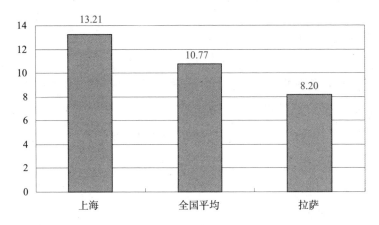

图4-9　上海、拉萨忙闲时加权平均可用下载速率比较（单位：Mbit/s）

表4-8　31个直辖市与省会城市忙闲时加权平均可用下载速率排名

城市	忙闲时加权平均可用下载速率/（Mbit/s）	排名
上海	13.21	1
北京	12.40	2
成都	11.74	3
南京	11.42	4
天津	11.33	5
济南	11.30	6
沈阳	11.26	7
石家庄	11.16	8（并列）
福州	11.16	8（并列）

城市	忙闲时加权平均可用下载速率/（Mbit/s）	排名
杭州	11.00	10
郑州	10.87	11
合肥	10.73	12
南昌	10.58	13
贵阳	10.42	14
长沙	10.10	15
长春	9.91	16
哈尔滨	9.76	17
银川	9.72	18
武汉	9.71	19
乌鲁木齐	9.51	20
海口	9.38	21
西安	9.33	22
重庆	9.20	23
呼和浩特	9.04	24
广州	8.93	25
兰州	8.84	26
太原	8.80	27
昆明	8.70	28
南宁	8.68	29
西宁	8.41	30
拉萨	8.20	31

由于中国宽带联盟 2016 年第二季度《中国宽带普及状况报告》中没有直辖市和省会城市宽带普及率的统计数据，本书暂不做比较。

（二）行业间网络发展水平参差不齐现象严重

面对全球信息化浪潮，国家近年来加大了网络基础设施建设的力度并取得了显著成效。目前我国的网络基础设施建设主要集中在城市，有效地支持了工业和商业的信息化建设。与之形成鲜明对比的是，我国农村的网络基础设施还不够完善，严重制约着农业信息化和农村网络化的建设。因此，集中在城市的工商业和农村的农业网络基础设施存在严重的不平衡。

1. 国外农业网络基础设施建设

发达国家普遍重视农业的信息化建设和相关的网络基础设施建设，目前其农业信息化已经发展到相当高的程度。如美国政府每年投入数十亿美元作为农业信息支持经费，占农业行政事业费的10%左右，不仅有力推动了农业网络基础设施的建设，还大大提高了农业的信息化程度，甚至高于工业的信息化程度。

（1）美国农业网络基础设施建设

美国作为世界上农业最发达的国家和农产品最大的出口国，农业的商品率和出口比重都非常大，农业生产很容易受到国内外市场的影响，因此市场信息对农业生产极为重要。1992年，时任美国参议员、副总统戈尔就提出了美国信息高速公路法案。1993年，美国克林顿政府宣布实施世界瞩目的高科技计划——"国家信息高速公路"，政府十分重视农村的信息建设，国家投入了大量的资金支持。政府投入资金建设了国家级农业和农村科技信息中心群，实现了公益性农村信息资源的长期积累、高效管理与广泛应用。如在政府的政策支持和资金保障下，建成了诸如国家农业数据库、地质调查局数据库、海洋与大气管理局数据库等规模化、影响力大的信息中心，大大推进了美国农业的发展。与其他国家不同，美国政府对农业的补贴、支持不是直接补贴农产品生产，而是通过支持农村信息化让农业和农民受益。首先，大量基础经费用于农业信息系统的硬件基础设施建设；其次，投入充足的系统运维经费，每年大概有数十亿美元的运维经费，占整个农业行政事业费的1/10。

美国目前已经建成了以互联网为主、专业网络为辅的农村信息网络基础设施，并建设了完整、健全、规范的农业信息服务体系。政府的组织、管理和投入不仅保障了美国农业的稳定和发展，还有效推动了美国的农村信息化水平，使其达到了相当高的水平。美国农业信息化平台也为世界提供了相关的农业市场信息，在世界农产品贸易中发挥重要作用①。

---

① 吴锋. 国外农村信息传播的基本模式与启示［J］. 今传媒，2008（04）：20－21.

（2）日本农业网络基础设施建设

日本对农业和农村的信息化工作尤其是网络基础设施建设一直十分重视，并把其视为推进农村发展的重要资源。早在1950年，日本政府就将农民购买计算机纳入农民大型农业投入补助范围之内。此外，政府还举办各种各样的培训班，相关的专业人员不仅负责指导农民的农业技术，还负责计算机操作的培训，有力地促进了计算机在农村的普及。虽然农村发展落后于城市，但是农民对网络认识程度较高，农业现代化、产业化程度也较高，在此基础上日本农业信息化迅速发展起来。作为重点支持的领域，政府投资了多个地域的农业信息服务。在中央政府和地方政府的资助下，完成了投资大、技术难度高的大容量通信网络和地方通信网络等基础设施的建设，有效推进了农业信息基础设施的建设。其中，农业科技信息网络基本上是由政府资助建设，然后免费向农民提供各种技术信息服务。

日本农业信息化经过几十年的发展取得了一系列的成果。首先，基于公众电话网、专用通信网和互联网等建立了较为完善的农业技术信息服务网络，即实时管理系统。该系统基于高性能计算机、大型数据库系统、互联网系统等基础设施，将气象预报系统、温室无人管理系统、高效农业生产管理系统以及个人计算机等联结起来，从而为农民提供农业技术、文献摘要、市场信息、病虫害情况与预报、天气状况与预报等信息服务。同时，在各县设立了实时管理系统分中心，实现了不同县之间信息的实时交换。其次，实现了各类农业研究机构之间以及这些机构与农民之间的互联互通，农民可以实时地在网上查询指定农作物的栽培、种植等方面的技术资料。最后，实现了基于农田地理信息系统管理耕地，目前日本已有超过20%的耕地采用了农田地理信息系统进行管理①。

总之，日本被认为是实现因地制宜发展应用型农业信息化的典型代表，由政府投资建设和发展了一系列地域农业信息系统，实现了农民之间以及农民与研究机构之间的信息传递和协作，大大提高了农业生产率。

（3）法国农业网络基础设施建设

法国作为欧盟最大的农产品生产国、世界第二大农产品出口国，政府非常关

---

① 世界经济论坛. 2016年全球信息技术报告［EB/OL］.（2016 – 07 – 13）［2016 – 09 – 10］. http：//news. 163. com/16/0713/09/BRRJ9N2F00014AED. html.

注农村和农业的信息化问题。政府曾向农民免费提供迷你电脑，基于该设备农民可以进行气象预报、交通信息以及许多行业及商业数据的查询。为了帮助农村的年轻人学习互联网，政府建立了"Internet 接力点"项目，实现了将普及互联网行动与农村文化娱乐活动联系起来。

信息和通信技术在法国的农业生产中得到了广泛的应用，具体体现在：基于通信卫星技术预报灾害性天气、预测病虫害灾情等；基于专家系统实现施肥、灌溉、用药等田间的自动化管理；基于信息技术实现对土壤环境的精确数据分析，然后根据不同种植品种的具体需求调节和改善种植环境。总之，法国农业在农产品的生产、收获、贮藏和加工等各个环节实现了基于计算机技术的全程实时监控。法国农业信息化的发展呈现出多元信息服务主体共存的特点，其中有多达700多个涉农网站被收录在法国农业部的《农业网站指导》中[①]，可以为农业计划制订、产量预测、农业统计数字核实以及灾害控制等提供客观可靠的信息资料。

（4）英国农业网络基础设施建设

英国政府非常重视农村地区的信息化基础设施建设和信息技术服务，认为信息技术的普及对促进农村经济具有巨大作用。20 世纪 90 年代中后期，英国农村基本普及了互联网、移动电话和数字电视。21 世纪以来，政府先后启动了"家庭电脑倡议"和"家庭培训倡议"两个计划，实现了农村家庭上网的快速普及。目前在英国，互联网、3G 无线网络已经基本覆盖农村地区。据统计，100% 的英国农民拥有手机，其中 82% 连接了网络；100% 的英国农场拥有电脑，其中 99% 连接了网络；超过 50% 的农民通过互联网提高了收益。

英国政府不仅重视农村地区的信息化基础设施建设，还注重农民的互联网应用技术培训。2001 年，英国教育部在全国建立了 1000 多个网络中心，鼓励农民通过网络获取农业信息和学习新的技术。目前，全国已经建成 6000 多个这样的网络中心。尤其是在一些偏远地区，政府建设了移动上网中心，即一辆巴士配备十多台连接网络的计算机和一名技术顾问，该巴士在不同地区流动，一般情况下一个地方停留一周，当地人可以基于它使用网络。

英国农业信息化从一开始就非常注重基础数据的建设。国际英联邦农业局建

---

① 卢丽娜. 国外农业信息化发展现状及特点 [J]. 中国农村小康科技, 2007 (04): 23 - 26.

立了包括农业环境、作物种植、动物科学、食品营养等各方面信息的庞大农业数据库系统，每年更新超过 35 万条数据。迄今为止，该系统已经为 690 万农业科研人员提供了数据查询和科研服务。此外，英国政府还统一规划建设了全国土壤数据库、农业普查数据库、单一补贴支付数据库等数据库系统。单一补贴支付数据库是政府发放农业补贴的重要依据，其中详细记录了每个农场的基本信息，包括农场规模、牲畜数量、农机具情况以及每一地块的详细信息（如编号、面积、边界、拥有者、耕种者、用途等）等。一些大学、农业研究机构、软件公司等也根据农民的具体需要建立了许多具有针对性的专业数据库，成为国家数据资源的重要补充①。

2. 国内农业网络基础设施建设

我国的农业信息化和网络基础设施建设起步比较晚，但随着网络技术的飞速发展和日益普及，农业信息化、农村网络技术和基础设施建设日益受到重视。早在"九五"期间，我国就提出了农业经济信息建设规划，如 1994 年 12 月提出了跨世纪的农业信息化工程——"金农工程"。自 20 世纪 80 年代以来，我国在农业信息化方面投入近亿元的资金，农村网络基础设施建设、信息服务工作等都取得了显著成效，初步建成了农业信息网络，并研究了基于系统工程、数据库与信息管理系统、遥感、专家系统、决策支持系统、地理信息系统等技术的农业、资源、环境和灾害预测等问题。

目前，全国 31 个省、市、自治区中，互联网覆盖了 90% 的地级和 50% 的县级农业部门以及 85% 的乡镇信息服务站。在数据库建设方面，我国已初步建成一批专业数据库，如中国农林文献数据库、中国农业文摘数据库、农副产品深加工题录数据库、植物检疫病虫草害名录数据库、农牧渔业科技成果数据库、中国畜牧业综合数据库、全国农业经济统计资料数据库等。此外，我国还引进了 4 个国际大型数据库，即联合国粮农组织的农业系统数据库（AGmS）、国际食物信息数据库（IFlS）、美国农业部农业联机存取数据库（AGm - COLA）和国际农业生物中心数据库（CABl）。这些数据库为我国的农业生产提供了大量有价值的信息资源和科学技术，大大推动了农业生产的发展。近年来，国家在已有数据库的基

---

① 夏语冰. 英国农村信息化服务体系做到家 [J]. 农产品市场周刊，2013（42）：51 – 52.

础上大力加强了信息资源的整合，目前已经在农业、畜牧、水产、农垦、农机等领域建设了 40 个相对稳定的信息采集渠道，并实现了部门之间的信息共享。

虽然近年来我国农村信息化建设发展迅速，但是目前我国农村信息化建设仍然处于起步阶段，还存在诸如基础设施薄弱、信息资源分散、信息人才缺乏等一系列问题，尤其是"数字鸿沟"问题依然严重[①]。中国互联网络信息中心（CNNIC）发布的第 38 次《中国互联网络发展状况统计报告》统计显示，截至 2016 年 6 月，中国网民规模达 7.10 亿人，其中农村网民占 26.9%，规模为 1.91 亿人，城镇网民占 73.1%，规模为 5.19 亿人，较 2015 年年底增加 2571 万人，增幅为 5.2%[②]，如图 4－10 所示。

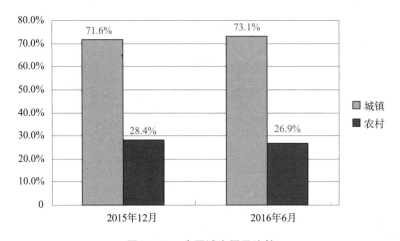

图 4－10　我国城乡网民比较

在互联网普及率方面，城乡互联网普及率保持稳定。截至 2016 年 6 月，农村互联网普及率为 31.7%，城镇互联网普及率为 67.2%。城镇地区互联网普及率超过农村地区 35.5 个百分点，城乡差距仍然较大，如图 4－11 所示。

农村非网民不上网的主要原因是互联网知识的缺乏以及认知不足，导致对互联网使用的需求较弱。调查显示，农村非网民不上网的原因主要是"不懂电脑/网络"，占比为 68.0%；其次为"年龄太大/太小"，占比为 14.8%；"不需要/不感兴趣"占比为 10.9%；无法连接互联网占比为 5.3%，如图 4－12 所示。

①　杨晓蓉，王文生，姜晔华. 中国农村信息化建设的思考［J］. 世界农业，2008（03）：19－21.
②　CNNIC. 中国互联网络发展状况统计报告（2016）［EB/OL］.（2016－08－03）［2016－09－10］. http：//mt.sohu.com/20160226/n438609224.shtml.

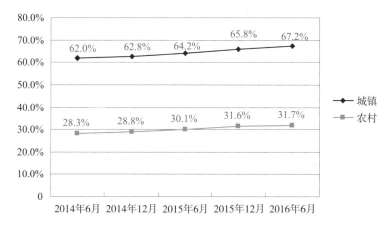

图 4 - 11　我国城乡互联网普及率对比

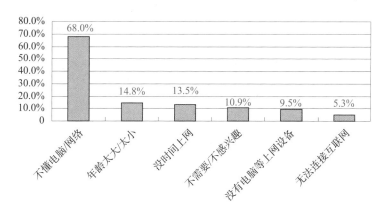

图 4 - 12　农村非网民不上网原因分析

通过上面的分析可以发现，农村互联网接入困难，宽带进入农村还存在一系列问题。其主要原因是农村分布相对分散，网络建设成本较高，而预期收入较低，因此电信企业缺乏农村网络基础设施建设的动力。此外，针对农村非网民"不会上网"和"不愿上网"的问题，一方面，要充分发挥乡镇村委会、活动中心、学校教育资源等在推动互联网知识普及与应用等方面的作用，开展农村计算机和网络知识的培训；另一方面，以需求为导向、以地区为维度，推行更符合地域特征、更贴近农民生活的措施及服务，引导农村非网民使用互联网。

综上所述，我国农村网络基础设施建设的总体投入不足，尤其是基层的农业部门和政府投入还远远不够，从而导致农村信息平台建设缺乏足够的资金与人力支持。目前，我国广大农村的信息化平台和软硬件资源依然非常薄弱，相当多的地区尚属空白，网络进村入户仍然很困难，解决农村信息服务"最后一公里"问题任重道远①。总之，我国农村基础设施建设的主要问题包括硬件短缺、简陋，技术手段落后，软件开发和网络运维经费不足等。

三、互联互通障碍重重，各自为政现象普遍

电信网络作为再生资源，呈现出全程全网的特点，其联通的程度越高，产生的价值越大。因此，不同的电信网络只有实现互联互通，才能实现网络价值的最大化。但是实现互联互通后，对于不同的运营企业来说，其网络价值的提升幅度相差较大，这成为网络互联互通的天然阻力②。因此，需要强制性的规定和监管，但由于立法、监管、技术等方面的因素，我国网络基础设施建设在互联互通方面困难重重，举步维艰。

（一）网络发达国家（地区）网络的互联互通

完善的法律体系是实现网络间互联互通的基础和保障。由于世界各国、各地区的电信（包括网络）市场发展情况各不相同，世界各地的相关立法进程也存在着较大的差异。美国的电信市场发展较早，在互联互通立法方面开始也比较早，立法理念比较先进，在立法、市场的共同推动下较早实现了良好的互联互通。我国电信市场发展较晚，电信立法也较为滞后，2002 年前后才完成了互联互通的主要工作。下文将对主要网络发达国家和地区的互联互通立法及相关情况进行简单介绍。

1. 美国

美国是世界上最早提出互联互通监管的国家，其立法过程主要经历了三个阶段：1934 年之前，各州的电信法律实现了对互联互通的规定；1934 年美国电信法规定了自然垄断模式下的互联互通；1996 年美国电信法全面确立了对互联互通监管的规定。

---

① 石奎，磨玉峰. 农村公共信息服务的现状及对策研究［J］. 社会科学家，2006（s1）：135 – 136.
② 武君. 互联互通比较法研究及热点问题探析［D］. 北京：北京邮电大学，2015.

　　随着电信业的发展，相关法律的缺失从某种意义上促进了美国电信业发展初期的自由竞争，带来了电话的普及和电信公司的飞速发展。但是过度的自由竞争带来了市场秩序的混乱，同时电信网自然垄断的思想也被越来越多的人认可。1934 年美国颁布《1934 年通信法》，标志着美国的电信监管制度形成了基本的模式，即控制市场进入，维持垄断的市场结构。这一时期的监管可以分为两类，即市场监管与行为监管，垄断企业将受到监管机构在定价等方面的监管，而互联互通属于行为监管的内容。

　　《1934 年通信法》确定了美国通信产业监管的法律框架，据此成立了专门的联邦政府通信市场监管机构——联邦通信委员会。在美国《1934 年通信法》的授权下，联邦通信委员会对电信产业拥有广泛的监管权力，包括对互联互通的监管，即如果经过听证确定有必要，且符合公共利益的前提下，联邦通信委员会有权力要求各公司开放自己的网络，实现互联互通。联邦通信委员会的成立使美国电信监管得以实现统一化和常态化，使通信法中规定的监管措施得以落实。

　　《1934 年通信法》对市场进行了严格的进入管控，通过竞争市场中出现了美国电话电报公司（AT&T）等大型垄断企业，而互联互通监管主要也是针对该类大型垄断企业的。在通信法出台后的 62 年间，联邦通信委员会、司法部和联邦法院等机构围绕着 AT&T 的市场行为持续展开了关于制裁和反制裁的争论。美国电话电报公司希望通过政策带来的垄断地位获得垄断利润，而司法部、法院却坚决反对这种反市场竞争的行为。双方的斗争不仅体现在 AT&T 与其他电信运营商之间，也体现在立法、司法、执法上。美国以联邦法院为代表的法院系统、以国会为代表的立法系统以及政府中的司法部等部门认为电信市场依然需要一定的市场竞争，但是政府主要部门，包括国防部、商务部、联邦通信委员会等主张当时的主流观点——垄断。竞争派和保守派之间的斗争最终引发了人们对电信市场的重新认识和对监管措施的重新思考，越来越多的人开始认同竞争的思想，而抛弃自然垄断的思想。在此背景下，立法机构也开始着手修改通信法：市场层面上，放松市场准入机制，引入更多的电信运营商；监管层面上，强化互联互通，减少监管机构对市场的干涉。美国 1996 年发布了《1934 年通信法》的修订版本《1996 年电信法》，实现了电信监管从自然垄断思维到竞争思维的转变。此后，美国引入了面向竞争的互联互通监管方法，规定了电信运营商的互联互通义务，从而实现了全面的互联互通。

美国的电信监管始于 19 世纪末，到 20 世纪初美国已大面积实现对电话通信网络的监管，监管区域包括 34 个州以及哥伦比亚特区。

2. 欧盟

欧盟对电信市场竞争的监管源于 1988 年电信设备开放竞争指令，该指令要求各个成员国分阶段逐步开放电信市场。1996 年，欧盟委员会第 19 号指令（96/19/EC）又进一步要求各国完全开放其电信市场。欧盟委员会在 1997 年和 1998 年相继发布了有关互联互通监管的重要文件——网络互联指令和网络接入协议的竞争法规范通告。

欧盟 1997 年网络互联指令规定：在互联问题上，欧洲电信市场上的所有运营商都必须在欧洲法律和各国监管机构的监督下进行商务谈判。其中具体定义了三大原则，即非歧视原则、透明化原则和透明定价及成本定价原则。

（1）非歧视原则

电信经营者在实现互联互通时，其所提供的服务质量不应低于与任何己方关联公司、子公司及自身的服务质量。互联结算价格、互联信息共享和互联质量方面应该保持一致。

（2）透明化原则

第一，电信服务提供者应该提供互联所需的全部信息，并同时披露未来 6 个月内可能产生变更的信息。第二，运营商之间签订的互联协议应交由各国监管机构备案，并披露互联协议中互联结算价格等部分内容。第三，电信运营商得到的披露信息仅可用于互联互通，不可转作他用，更不可将相关信息披露给其他部门、子公司或者利益相关方或合伙人。

（3）透明定价及成本定价原则

第一，市场主导运营商或者具有市场支配力的电信服务提供商有义务证明，其所提供的互联价格是符合成本定价法则的，即所指定的价格只由实际支出成本和合理利润组成。第二，电信运营商应该向各国监管机构说明其制定互联互通价格的依据，且监管机构可以对价格进行调整。1998 年 1 月 8 日欧盟发布了有关互联的建议，并详细阐述了互联价格问题：互联费用定价应该以可以预期到的长期平均成本为基础；在欧盟委员会制定最合适的现行收费范围之外，各国监管部门可以申请不同的互联费用标准；本地环路的成本不应该包含在预期互联成本内；网络元素应该以非绑定的方式进行定价，即其他运营商应该可以单独购买特定的互联功能。

欧盟于 1998 年发布了网络接入协议的竞争法规范通告，以确保"有效竞争"的原则得以施行。根据该通告，申请者可以在技术上可行的任何主导运营商的接入点申请互联互通。如果符合要求，主导运营商应该为申请者提供无质量歧视的电信服务。

2002 年 4 月 24 日，欧盟发布 4 条新的融合指令，进一步促进了电信监管的改革。新的指令成为欧盟现行的电信监管体系的主要组成部分。新的电信监管体系继续强调互联互通是运营商的基本义务，并吸收了旧法中关于互联互通面向成本的定价模式，同时进一步确立了运营商非捆绑接入的义务，明确了非歧视、透明性、会计分离等原则。

（二）我国网络互联互通的现状及问题

我国电信业发展初期一直是中国电信一家垄断经营，1994 年联通公司成立后，为了促进电信竞争，主管部门逐步推出互联互通监管政策，因此我国的互联互通监管起步较晚，近年来虽然得到了一定的发展，但仍然存在很多问题，具体包括以下几个方面。

1. 整体规划建设不足

由于缺乏专门的网络管理部门，在统筹规划、综合应用等方面缺乏专业机构和长远考虑，一定程度上造成了资源利用不充分和浪费的问题。例如，很多电信运营商网关局普遍出现容量紧张问题，一些运营商端口已使用完毕，扩容工作却十分缓慢；有的运营商利用业务端局兼作网关局的方式进行互联，造成接口不统一、网络界面不清晰、中继利用率低、网间话务管理和网间结算不便等；互联电路存在安全隐患，部分运营商之间的互联缺乏第二保护路由，或者保护路由为同一物理路由。

2. 网间结算体系不尽合理

互联互通问题的实质是互联各方的经济利益之争。互联互通具有很强的利益再分配功能，集中体现在网间结算体系上。目前我国采取的是基于资费的网间结算体系，结算费率长期缺乏调整，没有体现双方平等互利的合作原则，无法调动主导电信运营商互联互通的积极性①。据信息产业部统计，2001 年通过互联互通，联通的网络价值提高了 126 倍，移动提高了 10 倍，而电信只提高了 1.7 倍。当时我国实行的网间结算方法是：移动网与固定网间的结算费率是 0.06 元/分钟，但据有关部门测算其实际成本大约是 0.16 元/分钟。移动的高资费使固定电话运营商和移动电话运营商的劳动生产率相差很大，但双方的建设成本和运营成本相差却不大。

此外，网间结算数据判定标准的缺失造成了拖欠结算费用的问题。电信网间结算处理比较复杂，各个电信运营商采用不同的计费采集点，计费系统也采用不同的处理方式，结算双方的结算数据具有较大差异，最终导致无法按时进行网间结算，造成网间结算欠费。按照目前的网间结算标准，一般情况下，作为网间结算结入方的主导电信运营商也是大量网间结算欠费的受害方，使得本来对于网间互联互通就不太积极的主导电信运营商更加消极，甚至常常以消极的互联态度积极追索欠费，更有甚者关停中继。因此，电信运营商之间的利益分配失衡是目前互联互通问题层出的主要原因之一。

3. 网络监管不到位

电信市场由原来的垄断转向竞争，如果缺乏政府的监管，很难实现有效竞争，因为市场占有者不会轻易让出自己的地盘，更不会培育潜在的竞争对手。此外，由于电信产业的特殊性，如果没有政府的配合，任何想进入电信产业的运营商都很难在这一市场中立足，因此政府的监管不可缺少。而在我国，电信监管不到位是产生互联互通问题的另一个重要原因。

（1）监管执法不严

我国电信监管人员大部分是在电信改革中分离出来的，与被监管者有着千丝万缕的联系。这种情况下，电信监管人员在处理问题时往往讲人情，违章不纠、处理不力。对一些棘手、难以处理的问题，监管部门往往采用缓处理、轻处理或者不处理的方式，从而造成运营商认为监管部门不作为，使其监管工作处于被

---

① 胡铁成. 知识经济全书［M］. 北京：中国物资出版社，1958：91.

动。此外，监管人员不足、力量薄弱、知识结构不完善也是我国电信业监管的症结所在。

（2）监管技术不强

监管部门的执法是建立在拥有确凿可靠证据基础之上的，然而长期以来，由于缺乏有效的监管技术手段，监管部门往往难以获得网间通信质量及网间结算的第一手数据，从而难以有理、有力地给出裁定结果。虽然自2005年投入运行的互联互通监测系统在电信监管工作中发挥了重要作用，但随着网间业务量的不断增加，监测系统相继出现了采集链路端口容量、处理设备能力、存储设备容量不足等问题。因此，监测系统急需进行扩容。

（3）监管权力有限

当发生违规使用其他运营商的管道资源或者拖欠网间结算费用等事件纠纷时，监管部门虽然具有裁决权，但是缺乏有效的惩罚手段。目前，地方监管部门拥有的惩罚权限只是处以几万元的罚款，这对于一个年盈利数百亿元的大企业来说并不具有威慑力。在一系列互联互通事件纠纷中，"违法必究"执行得还很不够。例如，2002年四川遂宁电信与联通间的光缆被砍断，主管单位只是被罚款6万元，而针对责任人的处理一直不详，起到的警示和震慑作用微乎其微。美国FCC对违规企业的罚款高达百万美元，而且有继续增长的趋势。相比之下，我国对违规企业的处罚难以伤其"筋骨"，导致违法、违规者的胆量越来越大，最终越来越难以实现互联互通。

（4）政策取向有偏差

国际上对互联互通采取的政策大致有两种：一是制定宽松的互联互通政策，尽快引入竞争。这种方式进入门槛低，新进入者的资质无法保证，其合作竞争的基础比较薄弱，造成竞争不均衡，容易引发市场混乱。参与竞争的电信运营商往往只看重眼前利益而忽视长远利益。二是制定较高的网间结算费率以形成有效竞争。这种方式市场进入门槛和竞争成本高，加大了利用价格竞争取胜的难度，可有效避免恶性价格战和竞争不均衡。这种方式虽然引入竞争慢，但可保证竞争的公平有效。我国目前在互联互通政策方面偏重于前者，加速了市场竞争格局的形成。但是由于新兴的电信企业可以享受低成本和非对称监管的优惠政策，从而使其有条件开展不公平的价格战，从长远看会损害国家、企业及用户的利益。

（5）政策法规不完善

我国为了加强电信互联互通管理能力，已经陆续出台了一系列规定和条例，包括《中华人民共和国电信条例》《公用电信网间互联管理规定》《电信网间互联争议处理办法》等，这些政策法规为电信运营商的互联互通提供了依据。针对电信运营商电缆频繁被剪等恶性事件的发生，出台了《最高人民法院关于审理破坏公用电信设施刑事案件具体应用法律若干问题的解释》，正式将破坏通信列入刑事犯罪，有效遏制了网间恶性事件的发生。但是目前我国电信法治建设仍然存在滞后的问题，尤其是电信监管缺乏有效的法律保障，使得监管工作力不从心。

由于上述种种问题，电信企业在互联互通问题上往往"口头上积极，行动上消极"，甚至在《电信条例》明文规定的互联互通义务上故意制造障碍。例如，早期往往直接切断自己与其他电信运营商的网络关口之间的传输电缆或光缆，当前则是拒绝在关口交换机上共同建立电路连接，导致出现屡叫不停的占线情况。由于增加中继线需要在两家电信运营商的关口交换机上共同建立电路连接，如果一方拒绝增加，另一方则无能为力①。更有甚者还利用技术手段进行信令拦截，由于互联互通的电路一半是安装在竞争对手的机房内，这就使得竞争对手可以利用技术手段在关口交换机上做手脚，从而阻断网间的通信。

四、融资投资机制不健全，资金缺口较大

网络基础设施建设是一项基础性、战略性和长远性的国家工程，具有投资大、周期长、效益回收慢的特点。资金投入是网络基础设施建设的首要保障。虽然我国在网络基础设施建设方面已经投入了数千亿元的巨额资金，但是随着经济的发展对网络基础设施建设的要求越来越高，政府现有的投资能力已无法满足持续增加的投资要求，网络基础设施建设与资金短缺的矛盾十分突出。事实上，资金瓶颈已经成为制约网络基础设施建设的主要因素之一，建立有效顺畅的融资投资体制是当务之急，应当通过鼓励多方投资、引资、融资、集资的方式共同建设"数字中国"。

---

① 崔林夏. 韩国互联网建设及其应用对中国的启示［D］. 延吉：延边大学，2002.

(一) 国外网络基础设施建设投融资模式

网络基础设施建设不仅需要各级政府的直接投资，更多的是需要政府从政策上引导并促成市场经济进入基础设施建设领域，建立以市场化运作为基础的融资机制，从而实现具有一定自我生长能力的网络基础设施融资。

在网络基础设施建设领域，发达国家普遍采用以市场为导向的融资投资策略，有效保证了建设的速度和质量，具体方式包括政府财政投资、银行信贷、发行债券或公用事业和企业股票上市募集资金、利用私营部门资金、国有企业经营权出让、利用国际金融组织或政府贷款、国外私人直接投资等。

1. 韩国投融资模式

当前，韩国已基本实现"信息高速公路"计划。截至 2016 年 6 月，韩国人均互联网普及率、网络下载速率已经连续多年居世界之首，可以说是名副其实的信息技术强国。"信息高速公路"的开通为韩国率先登上 21 世纪知识经济超强国宝座提供了最重要的基础设施，并进一步推动了网上信息、软件和电子邮件事业等新型 IT 产业的迅猛发展[①]。在网络基础设施建设领域，韩国政府实行了以市场为导向的发展政策。

首先，政府资金直接参与投资。1993 年，继美国、日本、加拿大等国之后，韩国确定了建设"超高速信息通信网"的计划。从 1993 年至 2015 年，韩国政府为兴建"信息高速公路"累计投资 44.8 万亿韩元（合 807 亿美元），其中只有 33 亿美元是由政府投资的，其余大部分资金则是由民间集资的[②]。

其次，政府为私有企业提供和国有企业相同的竞争条件。政府鼓励国有电信部门与私人企业展开竞争，并在服务质量、税收等方面实施平等的政策，为私人企业走向全球性服务企业铺路。截至 2000 年，韩国发展银行同意了私人企业 Thurnet 公司近 1.5 亿美元、为期 6 年的贷款申请，并批准了 8969 万美元、三年期的可转换债券发行计划，主要为宽带网络的基础设施建设提供资金。

再次，政府鼓励国内外公司在韩投资无线通信事业。2000 年 4 月，法国阿尔

---

① 崔林夏. 韩国互联网建设及其应用对中国的启示 [D]. 延吉：延边大学，2002.
② 胡铁成. 知识经济全书 [M]. 北京：中国物资出版社，1958：91.

卡特公司与系统集成商 Sungmi 电子公司签署了价值 720 万美元的合同。根据协议，阿尔卡特将向 Hnaaro 电信公司提供硬件设施，建设韩国的第一个商用宽带无线网，实现了韩国用户"最后一公里"的宽带接入，业务种类包括语音、互联网服务、局域网连接、专用分组交换机应用、视频会议等。2000 年 7 月，马可尼通信公司 AMT 骨干交换机将韩国最新型宽带 SIP（互联网服务提供商）引入市场，成为在韩国市场上首家提供视频点播的 SIP。韩国 SuperNet 在建设高速多媒体通信网中使用了 50 多个骨干网交换机。

最后，韩国政府积极支持大规模的技术研究，发展最新的电信技术，如 4G、5G 技术，大力推进能够提供各种服务包括多媒体、全球漫游的地理信息系统建设。

此外，韩国政府还对与互联网相关的产业，如半导体、CP 机、光纤通信装置、有线电视、卫星和数字化传播等进行了大力支持①。

2. 日本投融资模式

日本是世界上当之无愧的网络强国，从 20 世纪八九十年代开始日本政府就非常重视网络基础设施的建设，并取得了丰硕的成果。在网络基础设施建设方面，日本投融资的主要特点是政府主导，政府不仅直接投入大量资金，还建立政府金融机构，引导社会资本进入该领域。

首先，政府直接投资。日本政府每年都会直接投入庞大的资金用于基础设施建设。政府主要通过两种方式引导社会资本进入网络基础设施建设领域：一是"筑巢引凤"式，即政府首先投入一定资金初步建设区域的基础设施，然后以此为优势吸引社会资本共同建设更加大型的基础设施，如日本政府在 2009 年宣布投资 19 亿美元保障"i‑Japan 战略 2015"的实施；二是"联合投资"式，即政府和民间团体共同投资基础设施建设。

其次，政府金融机构多元融资。日本政府金融机构积极探索多元化的融资渠道。例如，日本开发银行通过吸收民众的储蓄金、养老金等为国内基础设施建设提供长期低息贷款。这种做法不仅有效促进了网络基础设施建设，还对社

---

① 国家发展改革委员会国际合作中心，中国投资环境课题组. 国外城市基础设施投融资体制改革及创新模式经验借鉴［J］. 财经界，2008（06）：114－118.

会资本产生了诱导效应，大量社会资本竞相向政策性银行投资部门提供贷款，有效地保证了大规模网络基础设施建设的资金需求。日本政府金融机构除了发行长期金融债券为基础设施建设融资外，各级政府还发行市政债券，并且规定每一个安装电话、互联网的用户都必须认购一定数量的政府债券。日本政府金融机构通过发行特殊债券的方式为电信业融资，促进了日本通信领域的迅速发展。

最后，对国有企业实行股份制改造，引入市场竞争机制。日本政府对从事网络基础设施服务的国有企业进行改革，使其实现自负盈亏，以促使其提高工作效率和竞争力。事实证明，这种将国企与政府分离的做法是合理且有效的。

随着经济的发展，用于日本基础设施建设的各种资金来源的比重也在发生变化：政府税金在资金来源中呈下降趋势，而财政贷款、债券所占比重节节上升，资金来源渠道增多，资金的市场化成分增多①。

3. 欧盟投融资模式

欧盟各国政府对网络基础设施的建设是在欧盟未来发展的总体规划下开展的，都留有相当的备用容量。在合理的统一规划下，各国网络基础设施建设投融资模式改革也在有条不紊地进行中，并取得了明显成效。

首先，政府直接投资。2010 年，欧盟委员会共批准了 18 亿欧元的宽带国家援助项目，是 2009 年的 4 倍。2011 年 10 月，欧盟提出新的议案，在 2014～2020 年继续投入 92 亿欧元，在欧盟范围内大规模建设高速宽带基础设施及相关服务。同时，欧盟重视宽带发展基金的合理使用，通过设立基金支持欧盟范围内建设和发展宽带通信。在英国 2000 亿欧元的经济刺激计划中，大约 50 亿欧元用于提升宽带基础设施②。

其次，推行基础设施私有化。20 世纪 80 年代末 90 年代初，法、德等西欧国家逐渐发现仅靠政府投资建设并运营管理网络基础设施存在很多问题，如投资浪费、效率低下、服务质量差等。为此，很多国家开始将一些经营网络基础设施的公共企业实现私有化，让社会资金、私营机构参与投资和经营，其中最

---

① 国家发展改革委员会国际合作中心，中国投资环境课题组. 国外城市基础设施投融资体制改革及创新模式经验借鉴［J］. 财经界，2008（06）：114－118.

② 高晓雨. 为城市信息化和基础设施建设"广开财路"［J］. 上海信息化，2011（12）：28－31.

突出的例子是德国电信私有化。由于私有企业产权明晰、风险自担，在市场竞争的压力下，不仅降低了运营成本，还保证了服务质量，提高了基础设施的投融资效率。

再次，积极拓展新兴投融资模式。欧盟在推行网络基础设施建设投融资模式市场化的同时还倡导模式创新，涌现出 BOT、TOT、ABS 等新型投融资模式，如英国、法国在修建连通两国的海底隧道时就采用了 BOT 方式。法、德两国政府掌握特许经营权，通过转让一些自然垄断行业的经营权实现融资。

最后，对使用者收费。在网络基础设施建设投资上，将来的使用者包括居民和企业都要分担部分费用，这相当于间接地融资。如居民使用互联网，就要负担与管网连接的费用，即遵循"谁用谁交，多用多交，不用不交"的原则。这种付费制度运用于网络基础设施建设的各个方面，不仅降低了运行成本，也在潜移默化中提高了人们的网络意识，改善了互联网发展软环境①。

4. 美国投融资模式

美国作为典型的市场经济国家，其网络基础设施建设以私营经济为主体，能够由市场进行调控的政府就不干预。而且，由社会资本控制的基础设施企业可以自主定价，确保了社会资本的投资率保持在一个较高的水平。

首先，政府直接投资。根据 2009 年美国《经济复兴法案》，美国政府拨出超过 72 亿美元用于支持"国家宽带计划"的实施。随后，时任总统奥巴马计划通过频谱拍卖获得 180 亿美元发展移动宽带。美国政府还宣布在 2010～2020 年将普遍服务基金从 87 亿美元提升到 155 亿美元，主要用于保证所有美国人接入基础网络，尤其是为穷人提供网络服务补贴，为学校、图书馆等的互联网接入服务付费等。其中，超过一半的资金用于补贴在农村等商品价格低的地区提供网络服务，从而降低在人口稀少地区建设并运营高速互联网高昂的投资成本，进而推动宽带的普及。

其次，政府积极引导和监管基础设施建设的投融资。美国政府把引入社会资本作为提高网络基础设施建设效率和降低成本的主要手段，因此美国政府并不是

---

① 国家发展改革委员会国际合作中心，中国投资环境课题组. 国外城市基础设施投融资体制改革及创新模式经验借鉴［J］. 财经界，2008（06）：114 – 118.

网络基础设施建设投融资的主体,而是投融资的引导者和监管者,通过提供市场优惠、特许经营权和管理权或由政府提供信用等方法吸引私人投资。

最后,社会资本成为基础设施建设的投资主体。据统计,美国联邦政府公共财政支出和地方政府公共财政预算仅占总投入的25%,在一些经营性网络基础设施建设项目中私营企业和社会资本所占份额较大。政府还积极鼓励社会资本进入一些不涉及国家安全的非经营性项目。美国社会资本投资基础设施的方式也很多,包括独资、合资、股份制、基金制等。数额巨大的共同投资基金将分散的社会资本集中起来,交由专家经营,进行基础设施项目的长期投资,以获得长期稳定的收益①。

5. 国外网络基础设施建设投融资模式比较

通过以上对发达国家和地区以及新兴市场国家网络基础设施发展及投融资模式改革的考察可以发现,网络基础设施建设投融资模式改革的途径与方法是与经济发展阶段、改革动机和目的密切相关的。一般而言,发达国家的市场机制相对完善,改革主要通过引入市场竞争机制,以 BOT、TOT、PPP 等新型投融资模式提高社会资本在网络基础设施建设中的比重,大大缓解了政府的资金压力。同时,对部分网络基础设施进行私有化,实现企业的自负盈亏,促使其降低成本、提高建设质量。相比传统发达国家,韩国等新兴网络强国财政投入在网络基础设施建设投资中占比较大,在投融资模式中发挥主导作用,同时引导和鼓励社会资本积极参与②。

(二)我国网络基础设施建设投融资现状及问题

投融资问题严重影响着我国网络基础设施建设的速度。网络基础设施建设需要投入的资金庞大,即使政府投入巨资,但由于融资领域还面临着很多深层次矛盾,始终不能打破依赖政府投资的闭环,形成以国家和政府投资为主,国内商业银行贷款、外商资金、自筹资金为辅的多元投资结构,直接影响了整个网络基础设施建设的速度和质量,主要原因可归纳为以下几个方面。

---

① 国家发展改革委员会国际合作中心,中国投资环境课题组. 国外城市基础设施投融资体制改革及创新模式经验借鉴[J]. 财经界,2008(06):114-118.
② 高晓雨. 为城市信息化和基础设施建设"广开财路"[J]. 上海信息化,2011(12):28-31.

1. 政府定位不准，职能缺位

在我国推进网络基础设施建设进程中，各级政府是主导力量，但政府主管部门缺失、投资职能和管理职能混淆、职责配置不到位现象严重，直接影响了建设的开展，具体表现包括：决策方面，往往是各级政府组织领导小组进行决策，地方政府领导小组规格较低，自身在网络基础设施建设方面组织和协调能力不够。决策咨询方面，缺少让企业、社会参与的决策咨询机制和考核评估机制，无法有效统筹协调、集思广益，广泛采纳社会各个层面、各个领域对网络基础设施建设的实际需求和建议，同时不利于激发社会参与建设的热情。规划方面，存在"四面开花，八方出击"的问题，建设规划往往包括管理服务、民生应用、基础设施等多个内容，但在财力、物力、人力有限的情况下无法及时、集中力量建设网络基础设施，影响了建设的速度和效益。项目建设方面，尚未引入有效的市场化运作机制，行政审批多，科学投资决策少，审批方式阻滞了网络建设投资的多元化，难以有效调动全社会的资金、技术、智力资源。投资管理方面，宏观管理体系不健全，投资干预过于直接和具体，尚未形成一套完整有效的网络基础设施投融资办法。这些问题严重制约着网络基础设施建设融资体制的建立和完善，难以有效推动建设的长期、可持续发展。

2. 法律保障乏力，产权不清

当前，我国政府及电信国企是最主要的投资者，这既是国家对网络基础设施建设的重视和支持，同时也是基础设施建设市场化运作不力的一种表现。导致过度依赖政府投入的重要原因之一是投资立法不健全，产权不清晰，很难从法律上明确各投资方的责任和权利。

由于部分网络基础设施同时具有非排他性和非竞争性两种经济学属性，某些网络基础设施的所有权、使用权、经营权、受益权界限变得模糊和难以界定。为保证国有资本不流失，我国在立法方面较为保守，使得国有资本没有明确的退出机制，而且产权改革相对滞后，很多项目没有按照"谁投资、谁拥有、谁受益"的原则运作，大大降低了社会资本的热情。产权经济学家德姆塞茨认为，"产权的一个主要功能是引导人们实现外部性较大的内在化激励"。换句话说，界定产权可以实现和外部性有关的成本或收益内在化，继而激发当事人有效运用资源，降低成本，提高经济效益。从这一角度来看，网络基础设施作为公共产品，其唯一产权主体变成政府，网络基础设施及相关服务应由政府提供，就会导致社会上任何个人或者团体都不能拥有同等的产权，造成网络基础设施产权主体的虚无。反过来，产权不清晰也会导致网络基础设施的过度使用，产生"挤公车"现象和资源配置效率低下的情况。很多电缆、光纤老化或损坏后无人问责就成了一个重要问题，这些问题的根源就在于产权不明、市场化不够。

3. 市场垄断难破，投资主体缺位

当前，我国实行的"电信业务经营许可证制度"是典型的"静态的严格市场准入制度"，对网络建设和经营资格有着严格的限制。例如，《电信条例》《电信建设管理办法》明确规定，基础电信业务经营者只能在业务经营许可证规定的范围内投资建设和经营电信设施；网络资源的出售、出租也必须具备出租、出售业务许可证。可见，我国通信网络基础设施法律制度的主体是基础电信业务经营者。电信业是基础设施行业，网络基础设施是其必要的投入，具有庞大的投资沉没成本，并具有明显的规模经济性。在我国，电信业是典型的行政性垄断而非市场性垄断行业，政企合一的经营模式必然导致投资不足和效率低下等问题，自然不能发挥垄断经营的规模经济性，也不可能出现众多投资者，形成多元化投资结构，不利于网络基础设施建设的开展。为此，电信业进行了长达 30 多年的探索性改革。

1994 年电子工业部等部委成立了中国联通公司，试图打破电信公司的垄断地位；1995 年成立自负盈亏的法人企业，完成形式上的政企分离，同年成立电信业专门监管机构——电信政务司。直到 1999 年对原中国电信进行业务拆分，才在一定程度上打破了独家垄断市场局面。2002 年中国电信南北拆分，其独家垄断地位被彻底打破，形成双寡头竞争。相比之下，移动电信（网络）市场自 1999 年形成中国移动和中国联通的双寡头竞争格局之后基本不再变革。大刀阔斧的改革带来网络普及率、网络速率、网民规模等网络建设领域的巨大进步，但一些问题也开始凸显，阻碍了电信业和网络基础设施建设的长远发展。一是电信市场竞争结构失衡严重，中国移动公司在移动市场上拥有绝对的垄断地位，竞争对手中国联通则远远落后，且随着移动固定替代趋势的发展，原固网运营商中国电信和中国网通整体的市场表现越来越差。此时，中国移动甚至滥用其市场主导

者地位进行不正当竞争，运营商间价格战日益白热化，公平合理的竞争环境荡然无存。二是自引入竞争以来，投资过度和重复建设日益严重，净资产收益率低下。各家电信企业的网络基础设施建设、网络覆盖范围重复比例较大，造成严重的资源浪费。因此，在我国电信业所有权本质不变和电信业改革滞后的背景下，网络基础设施投资者的有关权利往往得不到有效保障，投资也缺乏相应的监管机制，自然难以形成多元投资主体，助力网络建设。

4. 融资渠道狭窄，资金进入困难

当前，我国网络基础设施建设的资金主要有三个部分：政府的财政预算资金，国营电信企业的自身投入和通过上市、银行借贷募集的资金，来自于政府以外的企业和个人筹集的资金。

网络基础设施建设融资中，商业银行的贷款主要集中在城市，而较少进入落后地区和农村。对浙江省衢州市下杨村网络基础设施资金来源统计发现，有60%是财政性资金，企业集资占了20%，农户集资占了20%[1]，没有银行贷款。后经调查发现，全浙江省农村网络基础设施建设资金中来自于银行的贷款基本为零。可见，这种情况在全国农村地区十分常见，其重要原因就是筹资渠道的狭窄，使我国网络基础设施建设大量依靠政府财政投资，不能有效吸引社会资本，无法形成多元投资机制。银行信贷的比例较低原因很多：首先，政府没有建立完善的政策扶持机制。没有建立完善的网络基础设施资金管理办法，建设资金缺少有效的融资平台，导致政府扶持资金很难发挥杠杆作用。其次，网络基础设施建设的周期长，并且其使用过程有很强的公共性，资金回报周期长，不能够在短期内就收回成本和收益，导致追求利润最大化的信贷资金不愿参与。最后，融资必需的担保体制和机构缺失。当前，我国网络基础设施实体主体比较少，能够给相应的融资提供担保的主体也就比较稀缺，在某些落后地区和农村，网络基础设施管理落后，也不能为融资提供担保，所有这些不利因素使得资金的介入受到了很大程度的阻碍。

电信国企的私有化改革（上市）虽然能够募集一定资金，但规模效应不明显。1997 年电信市场上市私有化进程正式启动，当年广东和浙江移动分公司成

---

① 浙江省统计局. 浙江统计年鉴［M］. 北京：中国统计出版社，2001：165－167.

功在中国香港和纽约证券交易所上市，截至 2007 年，原中国电信、原中国移动和原中国联通都已实现上市私有化，一定程度上实现了投资主体的多元化。但由于相关部门对私有化一直持保守态度，上市流通的股份比例并不高，绝对控制股依然直接或间接掌握在政府手中，造成融资规模和数量较小，发挥不出规模效应。

从 2008 年开始世界陷入严重的金融危机，全球经济的增长缺乏动力，受其影响，电信企业和民间企业开始逐年减少在落后地区和农村地区的资金投入，并把撤出的资金放入了城市或者工业和服务业，使得我国整体融资环境不断恶化。虽然这一状况近几年有所好转，已经有部分资金开始慢慢流回，但是最基本的网络基础设施建设缺乏动力的问题没有得到解决。

五、国际合作壁垒较高，对外开放程度不够

网络基础设施建设离不开国际合作和共建共治共享。目前，由于国家安全、意识形态等方面的原因，我国网络基础设施建设方面的改革步伐较小，国际合作壁垒较高，对外开放不够，制约了网络基础设施建设。

（一）网络国际合作案例及其效果

为更好地从网络强国（地区）的发展历程中吸取经验和教训，本节选取电信发展最好、网络建设最具借鉴意义的两个亚洲国家和地区——日本和中国香港地区进行分析。

1. 日本电信业的改革开放及效果

在发达国家中，日本的电信产业发展和网络基础设施建设是最好的，日本和中国同属亚洲国家，在经济、文化、消费习惯等诸多方面有着相似之处，而日本电信行业发展和网络基础设施建设水平却远远高于中国。日本电信业已进入成熟阶段，研究和借鉴日本电信产业改革开放的经验，对提高我国电信产业发展水平、维护消费者利益、建立和完善电信产业监管体系有着十分重要的现实意义。

日本是亚洲最早进行电信改革的国家，经过一系列的改革，不但强化了其国内竞争态势，增强了其国际竞争力，而且保护了日本消费者的利益。日本电信业

改革始于 1985 年。此前，日本电信业和中国相同，呈政企合一的自然垄断发展态势。1952 年、1953 年相继成立的日本电信电话公社（NTT）和国际电信电话股份公司（KDD）是日本电信业的两个寡头企业，分别垄断了国内和国际通信线路业务，几乎占据全部市场份额。日本国会于 1985 年通过了《电信事业法》和《日本电信电话公社法》（《NTT 法》），开始了日本电信业改革。直到 21 世纪初期，日本电信业的改革才基本完成，此时的日本电信市场进入了全方位竞争时代。

1985 年之前，日本电信业市场是双寡头垄断时代，政府采取全面干预策略，从政策、制度、法律、经济等方面进行干预，但垄断造成的法制环境不完善、市场竞争不充分、行业门槛过高和价格扭曲也广受民众诟病。为此，1985 年到 1997 年日本政府开始引入竞争机制，分解原有垄断企业 NTT，并逐步放宽对外资企业的股权限制，最终打破了原有的自然垄断格局。同时，电信市场的参与主体迅速增多，到 1998 年日本第一类运营商的数量增加至 149 个，而第二类运营商则增加至 5600 个。移动电话用户数量在 1997 年突破了 2000 万户大关，移动电话普及率成功超越美国，从 1985 年的 0.05% 增长到 1997 年的 30.58%，互联网普及率为 9.09%。竞争机制的成功引入打破了电信业自然垄断的格局，提高了电信企业的竞争水平，继而促进了行业效率和效益的上升。此轮电信改革取得成功，大大推进了电信业的发展。但同时也存在着一些问题，如由于传统两大巨头对电信市场的准垄断，其他运营商规模相对较小，经营相对分散，而一些有竞争实力的运营商也多为传统龙头控股或间接控制，日本电信市场的市场集中度仍然很高。

1998 年，日本除《NTT 法》仍对外股权资有 20% 的限制外，其他法律全部取消对外资的限制，大大降低了国外运营商进入日本的门槛，增加了日本市场的吸引力，国际电信巨头 Worldcom 和 BT 分别在日本建立全资控股公司，Teleglobe（加拿大环球电讯）也在日本电信市场提供全面服务。对外电信服务市场和对外设施市场开放，对外电信服务蓬勃发展，竞争激烈，对外电信服务商数量和对外通信量大幅上升，电话、宽带价格则大幅下调。截至 1998 年，日本国内互联网普及率已经达到 13.3%，网民占全国总人口的 11%。从 1998 年到 2001 年间，日本移动电话普及率从 37.75% 上升至 59.43%，仍然高于美国。1998 年固网宽带业务开始在日本市场运营，2001 年普及率达到 3.05%，明显高于过去十多年。

自此之后，日本政府给予电信基础运营商更大的经营自由，减少了行政干预，默许海外电信运营商充分参与国内市场，导致大量国际电信巨头涌入日本市场。2000 年，国际电信运营商 Softbank 获准开展 ADSL 宽带业务，且通过收购日本电信（日本第三大固话服务提供商）、IDC 等企业将业务拓展至全部固网业务，并于 2005 年进入移动电话服务市场，获得 3G 业务牌照，2006 年收购沃达丰日本公司 97.68% 的股权，成为日本第三大移动运营商。2013 年，软银以 216 亿美元收购美国第三大运营商 Sprint 78% 的股权，成功超越日本电报电话公司（NTT）成为日本第一大运营商、全球第三大运营商。此时，日本电信市场的竞争日趋激烈，资费水平也随之大幅降低。2012 年日本移动电话普及率已达到 109.43%，固网宽带普及率达到 27.92%，互联网普及率达到 79.05%。可以说，全面开放的电信政策极大激活了日本电信市场的活力，保证了其飞速发展①。

2. 中国香港地区电信业的改革开放及效果

香港电信市场是全球电信市场发展较快的地区之一，是世界上携号转网开展最广泛的地区，也是全球竞争最为激烈的电信市场之一，其中最重要的原因是电信市场的全面开放政策，取消外资股权的限制。

香港电信业也经历了由垄断到竞争的过程，其发展历程大致可以分为垄断经营阶段（1877～1994 年）、早期开放阶段（1995～1999 年）和全面开放阶段（2000 年至今）。1995 年，随着香港电信本地电话服务专营权到期，香港电信市场开始了最早的开放。1996 年本地移动通信市场引入竞争。1997 年到 1998 年，香港政府又陆续开放了虚拟网络和国际单分销的传真及数据部分。到 1998 年年底，香港地区已有 6 家移动运营商共经营了 11 个数字网络系统，竞争十分激烈。1998 年 1 月香港电信服务市场对外开放，当年香港共发出了 26 个提供对外电信服务的牌照，从而更加有效地引入了竞争。1999 年，香港实现了移动电话号码可携带功能，允许客户在转换移动网络运营商的同时保留原有的电话号码，这一举措使得原本竞争激烈的移动电话市场竞争进一步加剧。从 2000 年起，香港电信市场开始全面开放，到 2003 年香港政府已放开香港地区所有电信市场。全面开放以后，香港的移动通信业务以及互联网业务有了突飞猛进的发展。1877～

---

① 管文英. 我国基础电信服务业 FDI 综合壁垒指数度量［D］. 广州：华南理工大学，2014.

1994 年，长期处于垄断经营下的香港固网服务市场发展非常迅速，到 1993 年香港本地电话网络就实现了全面数码化，1994 年固定网络电话线突破了 300 万条。移动电话普及率为 8.02%，互联网用户为 16.84 万户，互联网普及率为 2.79%。

香港电信市场的对外开放没有采用大多数国家的渐进开放，而是直接给外商颁布了在香港地区提供电信服务的牌照，快速而高效地引入了竞争。开放以后，香港的移动通信业务、固网宽带业务以及互联网业务有了突飞猛进的发展。1995～1999 年早期开放阶段，移动电话普及率从 1994 年的 8.02% 增加至 1999 年的 63.88%；互联网用户达到 142 万户，普及率从 1994 年的 2.79% 增加至 1999 年的 21.51%。香港地区固网宽带业务从 1998 年才开始发展，到 1999 年年底香港地区固网宽带普及率仅为 1.29%。

香港电信业全面开放之后开始飞速发展。2014 年 2 月香港通讯事务管理局网站的数据显示，香港地区的本地固定网络营办商为 21 个，对外固定电讯服务营办商达 279 家，互联网供应商也有 202 家之多。激烈的竞争使得香港电信业发展水平一直居于世界前列。根据香港政府电信部门于 2010 年 9 月发表的报告，香港光纤到户与光纤到楼的住户覆盖率为 34%，全球排行第三。牛津大学 2010 年的研究也显示，就处理某些特定的互联网应用软件时的连接能力、流量、时延和宽频覆盖率而言，香港在全球宽频领导的总排名表上位列第二。激烈的竞争也使得居民享受到了便捷的服务、更低的资费。2011 年 5 月香港通讯事务管理局进行了一项有关收费基准比较的研究，将香港地区与哥本哈根、伦敦、纽约、上海、新加坡和东京在电信服务方面的价格比较，结果显示，香港住户和商业用户普遍缴付的电信费用是最低廉的，低至其他 6 个城市用户的 1/10。研究报告提供的数据显示，一个上海居民每月要缴纳 408 港元才能享受到一个香港用户交纳 60 港元获得的移动通信服务，也就是说，香港的手机月费只有上海的 14%。这一系列数据说明了香港地区鼓励竞争的政策与市场主导的方针行之有效，令香港消费者能以最低的价格享受最优的网络服务①。

（二）我国网络基础设施建设国际合作及问题

我国电信市场的开放始于加入 WTO 谈判。当时，服务贸易自由化对我国完

---

① 管文英. 我国基础电信服务业 FDI 综合壁垒指数度量［D］. 广州：华南理工大学，2014.

全是一个新课题，而电信行业又有其自身的特殊性，因此我国在 WTO《基础电信协议》下作出电信市场开放承诺时非常慎重，基本采取逐步开放的原则，即先开放增值电信业务，然后开放数据和移动通信业务（包括网络基础设施建设），最后开放基础电信业务，以期在实践中探索符合本国实际情况的电信市场开放道路。

为了既给国内企业充分的准备时间，使企业适应环境的变化，又不致造成突然的冲击，我国电信业的开放采用了分步骤、分业务、分地域、分时段逐渐开放的策略。我国电信市场 WTO 具体承诺如下：在加入后 3 年内，只允许在京、沪、穗三地设立中外合资企业，外资比例限制在 25% 以内；在加入后 5 年内，开放地域再扩大 14 个城市，外资持股比例放宽到 35% 以内；在加入后 6 年内，完全取消地域限制，外资比例在 49% 以内。

随着我国成功入世，电信业加快了改革和开放的步伐，电信业的多元竞争态势逐渐形成，三大运营商的资费出现了一定的下降趋势，资费套餐及产品也日益多样，显示了对外开放的显著成果。在所有电信业务中，开放程度最高的是增值业务领域，外资股权上限已放宽至 50%，外商可以获得经营决策权。这种开放环境促使国内出现了多家经营增值业务的中外合资电信企业，如联通时科（北京）信息技术有限公司、上海信天通信有限公司、太平洋电信（深圳）有限公司。还有一些大型的综合运营商在我国设立办事处或研发中心，在中国经营设备采购业务或者为国内三大运营商提供技术支持，如法国电信、德国电信、美国 MCI 世界通信国际公司、澳大利亚电信、新加坡电信。一些境外运营商通过成立合资公司在中国市场设立网点开展销售业务，同时也在观望国内最近才开始对民资电信开放的虚拟运营服务的进展情况，期望未来的深入合作，如 PCCW、AT&T、BTOs、Orange 等。

在基础电信领域，外商的股权上限为 49%，这就决定了其在中外合资电信企业中无法获得经营管理权，而在实际操作中，外商和中国三大运营商合作，其股权份额也一直被限制在 10% 以下。西班牙电信于 2005 年购入中国网通股份，中国电信业 2008 年第三次重组之后，其在中国联通战略持股占 9.9%，成为在中国电信行业中持股比例最高的外资企业，但至今仍未获得管理席位。韩国 SK 电讯于 2007 年购入中国联通 6.61% 的股份，随着 2008 年重组通信行业，SK 电讯在中国联通的持股率由 6.61% 降到了 3.8%，SK 电讯选择在 2009 年将股份卖出。

SK 电讯认为，持不足 5% 的股份，从战略上看没有什么意义，因此决定出售股份。同样地，英国沃达丰集团于 2001 年出资 33 亿美元买下中国移动香港上市公司 3.27% 的股份，并称要在 5 年内力争控股 20%，却在 10 年后的 2010 年将持有的中国移动所有股权大规模出售。业内人士认为，沃达丰减持的原因主要是两家公司在战略和业务上的渐行渐远。这说明，英国沃达丰集团在营运层面上对中国移动没有太大影响力。两件减持事件说明，从入世至今，外商在我国电信市场上的影响力还是很微弱的，也并未打破市场上原有的垄断情况。

2001 年在 WTO 成员中，许多国家的电信业允许外资持股的比例为 20% ~ 40%，如菲律宾电信业外资比例限制为 30%，印度尼西亚比例上限为 35%，美国无线许可证的外商直接投资比例限制为 20%。我国承诺开放的增值电信业务和基础电信业务，外资持股比例在入世后的一定时期内要分别达到比这一比例更高的幅度，这充分表明了中国深化电信业改革和扩大电信市场开放的决心和信心。然而，中国在对电信行业进行改革和开放时，世界上其他国家也在电信业开放政策上做了相应的调整。根据国际电信联盟（ITU）的数据统计，在 101 个公布了基础电信业（包括通话业务和网络基础设施建设）"外商投资股权限制比例"的 WTO 成员方中，有 81 个国家规定的外资股权比例上限高于 50%，其中有 75 个国家高达 100%（包括 32 个欧洲国家、15 个美洲国家、10 个亚太地区国家、11 个非洲国家、4 个阿拉伯国家、3 个独联体国家），即对外资股权比例无限制；有包括中国在内的 10 个国家规定的外资股权比例上限为 49%；其余 10 个国家的外资股权比例上限低于 49%。由此可见，目前我国对基础电信业（网络基础设施建设）的外商直接投资限制相比其他国家仍较高，基础业务开放相对比较谨慎。

从市场结构来看，对于电信增值业务，截至 2011 年 5 月 31 日，在我国经营电信增值业务的企业共有 2063 家，其中国有控股企业 110 家，占经营总体的 5.33%，非国有控股企业 1930 家，占经营总体的 93.55%，外资投资企业 23 家，占经营总体的 1.11%。对于基础电信业务，几乎全部由重组后的三大运营商掌控。虽然看起来三大运营商之间存在着一定程度的竞争，但却各有其占主导地位的领域。中国电信在网络基础设施建设、固话通信、宽带接入及应用方面占主导地位，中国移动在移动通信方面占主导地位，三家运营商在数据通信业务、通信设施服务、各类增值业务和系统集成等方面各有所长。

　　截至2016年6月底，中国移动、中国电信、中国联通三家基础电信运营商的宽带接入用户达到2.57亿户，宽带家庭普及率达到56.6%。其中，中国电信占市场份额的51%，中国联通占市场份额的37%，移动铁通、长城、各地广电占市场份额的12%。整个宽带市场南方电信、北方联通分立，局部主导，可以说"开放不断、垄断依旧"。

　　上述事实说明，虽然中国电信业已经过了政企分开、引入竞争以及两次重组，但是新的基础电信运营商基本上还是国有企业，结果是仅仅打破了厂商界面的垄断，并没有真正打破国际合作的壁垒，实现较高水平的开放，继而没有真正实现网络基础设施建设的国际合作。两大固网电信运营商在网络基础设施建设、电信、网络业务和区域上基本彼此独立，其他企业均无力与其竞争。中国联通作为中国移动的直接竞争对手，净利润尚不及后者的1/10，根本无法与其相抗衡。可见，我国基础电信市场并没有形成真正的竞争格局。2015年中国互联网大会期间，中央电视台还针对电信资费对我国整体经济的影响进行了调研，其中28%的受访者表示电信（网络）资费居高不下会阻碍产业发展，只有近15%的受访者表示不会产生影响。由此看来，我国基础电信行业在网络及基础设施建设方面的开放和竞争仍处于较低的水平，进一步破除垄断、引入竞争已经毋庸置疑。

第五章　网络基础设施建设的基本内容

党的十八大以来，我国信息化网络建设取得了长足的进展，网络基础设施经过多年的发展已经有了极大的进步。目前，在网民的数量上、网络零售交易的额度上、电子信息产品的制造规模上我国已经稳居全球第一，一大批信息技术企业和互联网企业已经进入世界前列，形成了初步完善的信息产业体系。

着眼于坚持走特色中国信息化网络发展道路，以网络信息化驱动现代化，建设网络强国的目标已经刻不容缓、迫在眉睫。同时，随着我国网络信息化技术应用不断深化，"互联网＋"异军突起，经济社会数字化、网络化转型步伐加快，网络空间的正能量进一步汇聚增强，信息化网络建设在我国现代化建设全局中的引领作用日益凸显，未来要进一步实施"互联网＋"与大数据发展规划，势必需要大量的网络资源和大量的网络基础设施加以支撑，需要加大网络基础设施建设的投入力度，进一步加大对我国信息网络产业和基础设施建设的投资力度，进一步增强支持网络发展的基础设施建设①。

根据我国工业和信息化部贯彻《国务院关于积极推进"互联网＋"行动的指导意见》的指导意见，未来我国网络基础建设的主要工作定位在"两个重点"和"两个支撑"。"两个重点"是推动支持"互联网＋"的协同制造和"互联网＋"小微企业创业创新的融合发展②。"两个支撑"其一指的是推动全社会"互联网＋"

---

① 中共中央办公厅、国务院办公厅印发《国家信息化发展战略纲要》[EB/OL].（2016－07－27）[2016－09－07]. http://news.xinhuanet.com/ttgg/2016－07/27/c_1119290201.htm.

② 国务院《关于积极推进"互联网＋"行动的指导意见》（国发〔2015〕40号）[EB/OL].（2015－07－04）[2016－09－07]. http://news.xinhuanet.com/2015－07/04/c_1115815942.htm.

基础设施建设，使信息网络基础设施建设能够满足全社会"互联网＋"的需要；其二是大力发展"互联网＋"的器件、软件、芯片等，同样要满足"互联网＋"的需求，才能使"互联网＋"更好地为全社会提供高速的宽带基础设施和软硬件产品应用的服务支撑。可见，网络基础设施建设是未来"互联网＋"高速发展的重中之重。

然而，目前我国信息化网络发展面临着核心技术和设备不能自己制造、信息资源开发利用不够、信息基础设施普及程度不高等问题。网络基础资源共享区域城乡差距比较明显，网络安全面临严峻的国际化挑战，网络空间法制建设亟待加强，信息化在促进经济社会发展、服务国家整体战略布局中的潜能还远远没有充分释放，这些问题仍然存在。

《国家信息化发展战略纲要》作为规范和指导我国信息化发展的纲领性文件，明确了网信事业承载的重大历史使命，勾画了未来十年国家信息化领域战略意图。《国家信息化发展战略纲要》的发布表明我国信息化发展理念日臻成熟，发展方向日趋明确，发展蓝图日益清晰，为在信息化时代抓住历史机遇，发展网信事业，建设网络强国，以信息化驱动现代化，协调推进"四个全面"战略布局，进而实现中华民族的伟大复兴指明了前进方向[①]。

一、网络基础设施的要素建设

随着我国综合国力的日益增强，目前我国已经进入新型工业化、城镇化、农业现代化和信息化同步发展的关键时期。网络基础设施建设是全面信息化建设的基础，是继水、电、气、交通之后的第五大城市公共基础设施，加强和完善网络基础设施建设是实现信息化社会的关键。目前我国已建成超大规模的互联网基础设施，网络通达几乎所有城市和乡镇，形成了多个高性能骨干网互联互通、多种宽带接入的网络设施。提前部署宽带、融合、泛在、安全的下一代国家信息基础设施规划蓝图，全面提升对"互联网＋"及大数据发展的支撑能力，布局下一代互联网，促进互联网和经济社会的融合发展，势在必行。

---

① 中共中央办公厅、国务院办公厅印发《国家信息化发展战略纲要》［EB/OL］.（2016 – 07 – 27）［2016 – 09 – 07］. http：//news. xinhuanet. com/ttgg/2016 – 07/27/c＿ 1119290201. htm.

（一）加强基础建设，推进网络基础设施优化升级

加快信息基础设施建设和应用，完善新一代高速光纤网络。推进全光纤网络城市和"宽带中国"示范城市建设，完善宽带网络基础设施。及时发布实施"宽带中国"战略，加快宽带网络升级改造，推进光纤入户，统筹提高城乡宽带网络普及水平和接入能力。

构建现代化通信骨干网络，提升高速传送、灵活调度和智能适配能力。推进宽带接入光纤化进程，城镇地区实现光网覆盖，提供1000Mbit/s以上接入服务能力，大中城市家庭用户带宽实现100Mbit以上灵活选择，98%的行政村实现光纤通达，有条件的地区提供100Mbit/s以上接入服务能力，半数以上农村家庭用户带宽实现50Mbit以上灵活选择。到2018年，争取建成一批全光纤网络城市，4G网络全面覆盖城市和乡村，80%以上的行政村实现光纤到村，直辖市、省会等主要城市宽带用户平均接入速率达到30Mbit/s[①]。

建立畅通的国际通信设施，优化国际通信网络布局，完善跨境陆海缆基础设施。在平衡各地区基础设施建设的同时，通信行业主管部门持续开展宽带专项行动，扩大现有网络带宽建设及国际出口带宽建设，加速推进光网城市建设，解决现有网络带宽较低以及网络速度较慢的问题，加快信息基础设施演进升级，建设中国－阿拉伯国家等网上丝绸之路，加快建设中国－东盟信息港[②]。

加速统筹推进移动通信发展，构建先进、泛在的无线宽带网。加快信息网络新技术开发应用，深入普及高速无线宽带。加快第四代移动通信（4G）网络建设，实现乡镇及人口密集的行政村网络化全面深度覆盖，在城镇热点公共区域推广免费高速无线局域网（WLAN）接入。积极推进第五代移动通信（5G）和超宽带关键技术研究，开展以5G为重点的国际移动通信（IMT）频率规划研究，以及智能交通频谱规划研究和技术试验，早日启动5G商用的规划和实施。超前布局下一代互联网，向互联网协议第6版（IPv6）全面演进升级。引导互联网企业优化网站设计、加大带宽配置，实现互联网信源高速接入，提升网站服务能

---

① 中共中央关于制定国民经济和社会发展第十三个五年规划的建议［EB/OL］.（2015－11－03）［2015－12－30］. http：//news. xinhuanet. com/finance/2015－11/03/c_ 1117025413. htm.

② 国务院《关于积极推进"互联网＋"行动的指导意见》（国发〔2015〕）［EB/OL］.（2015－07－04）［2016－09－07］. http：//news. xinhuanet. com/2015－07/04/c_ 1115815942. htm.

力。布局未来网络架构、技术体系和安全保障体系，重点突破大数据和云计算关键技术、自主可控操作系统、高端工业和大型管理软件、新兴领域人工智能技术。

解决互联网资源城乡差距、区域发展不均衡问题，加快边远山区、牧区及岛礁等网络覆盖，加快农村宽带基础设施建设，缩小"数字鸿沟"。推进电信基础设施共建共享、互联互通，引导云计算数据中心优化布局，推动数据中心向规模化、集约化、绿色化发展。优化升级互联网架构，推进互联网基础资源科学规划和合理配置。优化国家频谱资源配置，加强无线电频谱管理，维护安全有序的电波秩序。合理规划利用卫星频率和轨道资源。加快空间互联网部署，实现空间与地面设施互联互通。

加快解决网络运行质量差问题，加快电信和广电业务双向进入，在试点基础上逐步向全国推广，并进一步缩小东西部、南北方的差距。实施电信普遍服务补偿机制，加快解决电信资费高等问题，开放民间资本进入基础电信领域竞争性业务，推进宽带网络提速降费。形成基础设施共建共享、业务服务相互竞争的市场格局。强化普遍服务责任，完善普遍服务机制。开展网络提速降费行动，简化电信资费结构，提高电信业务性价比。完善优化互联网架构及接入技术、计费标准。加强网络资费行为监管。全面深入推进三网融合，推动中国广播电视网络公司加快组建，推进电信网和广播电视网基础设施共建共享。加快推动地面数字电视覆盖网建设和高清交互式电视网络设施建设，加快广播电视模数转换进程。鼓励发展交互式网络电视（IPTV）、手机电视、有线电视网宽带服务等融合性业务，带动产业链上下游企业协同发展，完善三网融合技术创新体系。

加强和改进互联网市场监管。在保证信息完整性和安全性的前提下构建一个高速、良好运行的多层次、开放性网络运行体系，切实改善国内网络运行环境。加强对互联网新业务的分类指导，建立健全备案管理、综合评估等制度。完善互联网市场竞争管理规范，落实信息网络实名登记要求，推进网站、域名、IP 地址真实身份注册。健全网络数据和用户信息保护制度体系和标准，督促企业落实分类分级保护要求。强化互联网网络性能监测手段，加强部、省两级监测系统建设。积极推动、配合做好网络安全法、电信法、无线电管理条例（修订）、互联网信息服务管理办法（修订）等法律法规的立法工作。

加强网络基础设施安全保障。完善电信和互联网行业网络安全防护标准，健全网络安全防护体系。指导企业加强网络安全技术手段建设。加强网络安全监测预警和信息通报，健全网络安全应急工作机制。强化网络数据和用户个人信息保护，建立大规模用户信息泄露报告和用户通知制度。持续开展公共互联网网络安全威胁治理，完善恶意程序处置机制。组织开展电信和互联网领域网络安全试点示范工作，指导、督促企业加强网络安全管理和技术手段创新。

（二）推进整体布局，向下一代互联网发展演进

作为 20 世纪人类最伟大的发明之一，互联网已经成为当今信息时代人类社会发展的基础战略性组成部分，已经全面渗透到经济社会的各个领域，成为生产建设、经济贸易、科技创新、公共服务、文化传播、生活娱乐的新型平台和变革力量，改变着人们的生产和生活方式，并不断重塑着人类文明的发展模式，成为构建未来信息社会的重要基石。全面接入世界互联网二十多年来，我国互联网各领域飞速发展，互联网行业迅速崛起，成为互联网大国，并成为全球互联网发展的重要组成部分。这不仅是因为我国网民人数众多、涉域广泛，更有新型网络经济的繁荣、网络文化的蓬勃发展和互联网治理的日益完善，各种成果得益于政府给予的宽松、稳定、可持续的发展空间，更得益于国家对互联网发展的提前布局。未来中国互联网的发展演化要加快提前谋划、整体布局，向互联网协议第六版（IPv6）全面演进升级①。

下一代互联网指的是不同于现在所认知互联网的新一代互联网，它和现在的互联网最大的不同是使用了 IPv6 地址协议，现在使用的互联网则基于 IPv4 协议，可以提供的 IP 地址为 40 多亿个，随着网络的发展地址早已分配殆尽，IPv6 协议则采用了 128 位编码方式，这就使得互联网地址资源非常充足，从分配上讲，任何一个电器都能成为一个网络终端，可以解决现有互联网无法知道每一个数据来源的问题，使得网络更具安全性，因此 IPv6 最根本的优势是可信的网络世界。

IPv6 是 Internet Protocol Version 6 的缩写，其中 Internet Protocol 译为"互联网协议"。IPv6 是 I. TF（互联网工程任务组）设计的用于替代现行版本 IP 协议（IPv4）的下一代 IP 协议。IPv4 协议的核心技术来源于美国。IPv4 地址北美占有

---

① 工业和信息化部. 中国超前布局下一代互联网　让发展成果造福更多百姓（国发〔2015〕）〔EB/OL〕. （2015 − 12 − 13）〔2016 − 07 − 04〕. http：//news. xinhuanet. com/comments/2015 − 12/13/c_ 11174 44321. htm.

3/4，约 30 亿个，而人口众多的我国只有 8% 左右。IPv6 的地址长度是 128 位，而 IPv4 的地址长度是 32 位。从 IPv4 升级到 IPv6 的意义远不止简单的数量相加。与 IPv4 相比，IPv6 除了地址数量多之外，在处理速度、吞吐量、安全性、多服务类型支持、适应性等方面都具有更多的优势[①]。

因此，下一代互联网体系的构建势必要在宽带基础设施、IPv6、物联网、CPS、移动技术、OS 等领域上超前布局，积极推进第五代移动通信（5G）和超宽带关键技术研究，早日推动 5G 的市场应用。加快促进互联网和经济社会的快速融合发展，积极拓展分享经济、大数据、"双创" 等网络经济新空间，发展中国网络商业的新模式，加速实施国家大数据战略，推进数据资源开放共享。推进产业组织、商业模式、供应链、物流链创新，支持基于互联网的各类创新，实施"互联网＋" 行动计划，促进互联网深度广泛应用，带动生产模式和组织方式变革，形成网络化、智能化、服务化、协同化的产业发展新形态。

加快互联网信息基础设施建设，完善新一代互联网信息基础设施，加强资源共建共享，进一步缩小"数字鸿沟"。加快公众主干网、城域网、互联网数据中心（IDC）、业务系统、支撑系统 IPv6 升级改造，提升网络设备性能；加快公众移动、有线、无线宽带接入网规模部署及 IPv6 升级改造；升级扩容 CNGI 示范网络骨干网、驻地网和支撑系统，增加过渡、安全、运营管理等方面的功能；推动政府、学校、企事业单位外网网站系统及商业网站系统的 IPv6 升级改造。

研究和发展互联网关键产品设备及其产业化。积极研发支持 IPv6 升级换代发展的下一代互联网关键芯片、软件、设备及系统，主要包括：终端高性能路由芯片，高速路由交换设备及接入设备，多功能终端设备，高性能 IPv4 和 IPv6 网络互通设备，互联网传感设备，各类互联网基础软件、应用软件和业务平台；互联网认证鉴权、网络域名解析、网络地址分配查询、网络安全管理、互联网客户服务等支撑系统；网络流量控制、网络安全防火墙、入侵检测等安全防护设备；网络设备功能及性能测试仪器，大规模网络性能测试设备与系统。推动并形成完善的产业协同创新体系。

加快推动基于 IPv6 的下一代互联网商用进程，促进新型网络业务研发、网

---

① 国际电信联盟（ITU）和联合国教科文委员会（UNESCO）联合的宽带委员会. 宽带构建未来［R］. 2010.

上试验和在线应用进程，开发第三代移动通信业务及后续演进技术、光纤网、以太网、无线局域网等IPv6宽带接入业务，促进基于IPv6的宽带数据业务商用；推动现有业务逐渐向IPv6网络过渡，并确保平滑演进，积极发展地址需求大、速率快、移动性高的个性化互动业务。

推进三网融合，建设基于IPv6的三网融合基础业务平台；以物联网、云计算和移动互联网等为重点，积极推动下一代互联网在教育、农业、工业、医疗、交通、铁路、水利、环保和社会管理等重点领域的应用[①]。

加强网络与信息安全保障工作，全面提升下一代互联网的安全性和可信性。加强网络域名服务器、数字证书服务器、关键应用服务器等网络核心基础设施的部署及管理；加强网络地址及域名系统的规划和管理。

结合产业发展需要和技术进步方向，制定大规模公众网络由IPv4向IPv6平滑演进过渡方案，积极推进网络由IPv4向IPv6的平稳过渡，加强下一代互联网发展演进的战略布局和技术储备工作，积极研究新型网络体系的构架理论和核心技术。着眼于未来互联网发展面临的挑战和技术变革，研究互联网未来发展战略，针对互联网的可扩展性、移动性、实时性、安全性、可信性等问题，加强新型网络体系架构及寻址、路由、安全、业务、管理、运营等方面理论和技术研究，并开展规模应用试验和论证。

积极推进实施"互联网＋"、云计算和物联网等重大工程的发展。夯实互联网应用基础，加快多领域互联网融合发展。建立"互联网＋"标准体系，加快互联网及其融合应用的基础共性标准和关键技术标准研制推广，加快推进基于互联网的商业模式、服务模式、管理模式及供应链、物流链等各类创新，培育"互联网＋"的生态体系，形成网络化系统分工新格局。促进"互联网＋"新业态创新，鼓励搭建资源开放共享平台，探索建立国家信息经济试点示范区，积极发展分享经济，鼓励互联网主干企业开放平台资源，加强行业云服务平台建设，支持行业信息系统向云平台迁移，引导大型互联网企业向小微企业和创业团队开放创新资源，鼓励建立基于互联网的开放式创新联盟。推动互联网医疗、互联网教育、线上线下结合等新兴业态的快速发展。放宽融合性产品和服务的市场准入限

---

① 中共中央办公厅、国务院办公厅印发《关于印发三网融合推广方案的通知》（国发〔2015〕）〔EB/OL〕．（2015－09－04）〔2016－07－07〕．http：//www.gov.cn/zhengce/content/2015－09/04/content_10135.htm.

制。推进物联网感知设施规划布局，发展物联网开环应用。推进信息物理系统关键技术研发和应用。

（三）突破关键技术，夯实基础核心技术产品和产业

随着信息时代的日新月异，新一代信息技术推动着人类社会向信息化、网络化、数字化和智能化方向快速发展。整个过程以云计算作为计算和存储的资源平台，以互联网、物联网作为信息系统和物理系统的联结纽带，以大数据和大数据技术作为知识共享、价值挖掘的信息认知方法，围绕着深度学习计算的新一代芯片和算法则称为强化智能的优化工具。因此，围绕着云存储、云计算和大数据的核心技术是物理世界信息化、信息世界智能化的基石。

科技信息化发展至今，由于我国在信息技术方面起步较晚，核心技术能力与西方国家相比差距甚大，在芯片、操作系统、高端服务器等核心技术方面长期依赖西方，至今尚未形成完备的信息技术创新体系和能力。而核心技术是未来云计算和大数据产生、使用、发展的基础推动力，没有核心技术就永远处于受制于人的地位，没有核心技术就永远没有在网络空间国际战略和全球网络治理规则方面的主导权和话语权。因此，要下定决心，努力突破CPU、操作系统和高端服务器等核心技术，大力发展、积极推广自主可控的系统和产业，掌握云计算和大数据发展的主动权，改变核心关键技术受制于人的局面，形成安全可控的技术体系。只有把核心技术牢牢掌握在自己手中，才能真正掌握未来网络空间竞争和发展的主动权，才能在根本上保障国家安全和人民的权益，保证我国信息化发展的长治久安。

云计算和大数据的发展需要CPU、操作系统和高端服务器等系列核心技术的持续革新和革命性突破。CPU是计算机的中央处理器，是电子信息系统的"大脑"，是半导体产业技术最密集、最具有战略价值的核心器件，也是一个国家信息技术实力的象征；操作系统赋予电子信息系统灵魂，是承载计算、运行应用、云计算、大数据的"中枢神经"；高端服务器作为软硬件核心技术的集大成者，是支撑云计算和大数据最重要的基础设施，是国防、航天、金融、能源等关系国计民生战略领域关键应用系统安全、高效、稳定运行的必要保障。

建立健全先进完备的新一代核心技术体系。坚持开放创新，支持与国际高端技术相结合，认识差距，快速完善自有创新，早日形成自有体系。加强核心芯片

设计制造能力，研发低能耗高端路由器芯片、高速接入设备芯片以及支持下一代网络的智能终端芯片等核心器件。实施"芯火"计划，开发自动化测试工具集和跨平台应用开发工具系统，提升集成电路设计与芯片应用公共服务能力，加快核心芯片产业化。从云计算和大数据的需求出发，围绕高端服务器系统，早日形成从 CPU 芯片到整机技术，从操作系统到数据库、中间件和应用软件，从下到上、从软到硬的一整套完备的核心技术体系，并做到各种核心技术相互支撑、开放兼容，破解国产核心技术生态系统薄弱、上下游不衔接的难题。

抓住机遇突破互联网相关高端软件和基础软件，形成良好的产业生态。重点支持移动智能终端操作系统、网络化操作系统平台、智能海量数据资源中心管理系统等新兴网络化基础软件研发与产业化，支持面向互联网新兴业态的关键应用软件和信息技术支撑软件研发及产业化。学习国际先进水平，学习美国等先进国家的产业生态。例如，学习 Intel 和 AMD 专注于 CPU、微软和 Red Hat 专注于操作系统、Oracle 专注于数据库和中间件等基础软件、HP 和 Dell 等专注于整机，以及各 IT 巨头在特定领域持续投入，更加专注、专业的同时又互相协同、联盟，最终构建成辐射全球的信息产业体系，这对我国产业生态的构建具有重要的借鉴意义。

加强基础核心技术的前沿和基础研究。做大做强网络信息产业必须加强面向信息通信技术领域的基础前沿技术研究。支持高端服务器和核心网络设备等产业发展。研发高并发性、高吞吐量、高可靠性、高容错性的高端服务器，以及高处理能力、低成本、低能耗的超级服务器，研发低能耗高端路由器、大容量集群骨干核心路由器和虚拟化可编程路由器等核心网络设备，加速量子计算、生物计算、光子计算等前沿技术的研发，引领信息技术发展的革命性力量，发挥国家和政府的引导作用，提前部署、集中攻关、努力超越。

加速发展核心技术，突破关键技术，夯实核心基础产品和产业。结合云计算、大数据核心技术的需求，势必要从构建先进技术体系、加强前沿和基础研究、打造协同发展的产业生态、培育扶持网络龙头企业，支持新兴中小微企业的创新部署入手。在国家战略层面，壮大龙头企业，持续高投入攻克核心技术，争取在技术上达到世界领先，在市场上形成规模效益。充分发挥龙头企业的作用，以龙头企业带动自主创新技术产业的发展，制定集成电路重点领域发展路线和实施路径，构建具备自主发展能力的通用基础软硬件平台。研究制定传感器发展战略，明确核心传感器阶段目标、重点任务和发展模式。加强可编程控制系统（PLC）、工控计算机、工业网络设备、安全防护产品攻关，支持高集成度低功耗芯片、底层软件、传感互联、自组网等共性关键技术创新。推动基于互联网的视听节目服务、智慧家庭服务等产品的研发和应用，加强互联网电视接收设备、智能音响、可穿戴设备等新型信息消费终端产品的研发和创新。

（四）构建生态体系，发展软件和信息技术服务业

进入 21 世纪以来，我国的软件和信息技术服务业发展迅速。"十二五"以来，我国信息化和软件服务业发展更是取得了显著的成效，"两化"（信息化和工业化）深度融合迈上新台阶，软件和信息技术服务业综合实力全面跃升，工业信息安全保障能力建设取得新进展，行业管理和服务水平进一步提高。

2015 年，我国软件和信息技术服务业稳中有升，尽管收入有所回落，但是总体效益依然保持平稳增长。随着产业结构不断调整，传统行业领域逐渐地被新兴领域所取代。据工业和信息化部《2015 年 1～11 月软件业经济运行情况》统计，2015 年 1～11 月，我国软件和信息技术服务业完成软件业务收入 38217 亿元，同比增长 16.2%，增速低于上年同期 3.9 个百分点；完成利润总额 4422 亿元，同比增长 10.8%，增速低于上年同期 12.9 个百分点。

目前，新一代科技革命和产业变革正在蓬勃兴起，在国际上全球信息化和信息技术发展呈现出很多新情况和新特点，"软件定义"引领信息技术产业变革，信息技术加速与制造领域融合，开启产业竞争新图景，工业信息安全发展面临着新形势和新要求。

准确把握信息化和软件服务业发展面临的新形势，顺势而为，抢抓机遇，推动信息化在各行各业深入渗透和软件服务业由大变强，在"十三五"时期打造我国全球竞争新优势尤为重要。重视信息化和软件服务业发展是加快发展信息化和软件服务业、顺应世界信息化发展新趋势、抢占新工业革命制高点的战略选择。加快发展信息化和软件服务业是推动供给侧结构性改革、加快转变经济发展方式的重要内容，是推进制造强国建设和支撑网络强国建设的根本要求。

近些年虽然我国软件业取得了突飞猛进的发展，然而在当前的新形势下，在看到成绩的同时也要清醒地认识到行业发展面临的问题。软件产业不大不强、不能满足国民经济和社会发展的迫切需要是当前产业中存在的主要问题。要解决这

些主要问题，我国软件业就要发挥信息消费在扩大内需方面的引领作用，加强软件能力和系统能力建设；着力创新驱动，加快建立以企业为主体、市场为导向、产学研用紧密结合的创新体系；着力协同互动，加快完善产业公共服务体系，这些体系综合起来就是产业生态体系。未来，我国信息化和软件服务业发展的主要思路、重大任务和目标势必是以实施制造强国战略为目标，以"两化"深度融合为根本途径，以软件和信息技术服务为核心内容，以推进工业信息安全为保障，切实抓好信息化和软件服务业的发展与驱动。

软件与信息技术服务业是指利用计算机、通信网络等技术对信息进行生产、收集、处理、加工、存储、运输、检索和利用，并提供信息服务的业务活动，其业务主要包括信息技术咨询、信息技术系统集成、软件开发、信息技术外包等。软件和信息技术服务业是信息技术与现代服务业高度融合的产物，是关系国民经济和社会发展全局的基础性、战略性、先导性产业，具有更新升级快、产品科技含量高、应用领域广、资源消耗低等突出特点。发展软件和信息技术服务业对于实现传统企业的信息化改造、推动信息化和工业化深度融合、培育和发展战略性新兴产业、提升我国的产业竞争力、加快经济发展方式转变和产业结构调整、提高国家信息安全保障能力和国际竞争力具有重要意义。

抓住软件服务业的重大发展机遇，加强上层布局。清醒认识发展条件的变化，在现有基础之上顺势而为，在巩固基础的同时推动与制造业的融合，推动软件作为服务业发展方式的转变。要立足全球竞争的大格局，谋划好发展信息化和软件服务业的行动计划；围绕信息物理系统（CPS）、基础软件、工业软件、大数据、云计算、人工智能等关键领域，进行顶层设计，超前部署基础技术、通用技术、非对称技术、"杀手锏"技术、前沿技术、颠覆性技术，努力实现从跟跑并跑到并跑领跑的转变。

加快推进信息技术生态系统的建设，布局协调工作。抓好协同攻关，打好攻坚战，吹响软件发展进步的冲锋号。软件不仅是信息技术生态系统的灵魂，更是其生命的重要部分，集中最强的攻坚力量，攻坚克难，强化职能部门的协同能力和上下联动功能，促进融合，合力发展。充分发挥产学研用联盟的作用，促进创新成果加快转化，实现产业链关键环节的有机协同；发挥龙头企业优势，形成大中小企业协同共进、合作共赢的新格局。

全力以赴推动"两化"深度融合，抓好贯彻落实。提前部署，抓紧落实，持之以恒，实干到底。要紧扣"中国制造 2025""互联网＋"行动等战略的实施，研究细化和出台具体的政策措施，抓好工作部署和落实；切实抓好《关于深化制造业与互联网融合发展的指导意见》的宣贯落实，实施好"两化"融合创新，推进专项行动；抓好信息化和软件服务业相关"十三五"规划的发布实施，继续做好软件产业相关优惠政策的贯彻落实；推进《工业控制系统信息安全防护指南》的宣贯落实，提升工业信息系统安全保障能力。

推动创新驱动发展，抓好人才队伍建设。要研究制定吸引人才、培养人才、留住人才的办法，探索科研成果、知识产权归属和利益分配机制，在人才入股、技术入股以及税收方面制定专门政策。同时，加强沟通协调，及时落实税收优惠政策，研究制定软件企业认定管理办法，修订软件产品管理办法，进一步完善政策落实和行业管理的基础性、专业性制度，为产业快速发展营造良好环境。经过全行业的共同努力，我国软件和信息技术服务业即将步入快速发展阶段，形成较为完整的技术和产业体系。

（五）发展综合支撑，提升"云计算"大数据能力

云计算（Cloud Computing）是基于互联网相关服务的增加、使用和交付模式，通常涉及通过互联网提供动态易扩展且经常是虚拟化的资源。"云"是网络、互联网的一种比喻说法。过去在图中往往用云表示电信网，后来也用于表示互联网和底层基础设施的抽象。云计算可以让人体验每秒 10 万亿次的运算能力，拥有如此强大的计算能力则可以模拟核爆炸，预测气候变化和市场发展趋势。用户通过电脑、笔记本、手机等方式接入数据中心，按自己的需求进行运算[①]。

美国国家标准与技术研究院（NIST）定义：云计算是一种按使用量付费的模式，这种模式提供可用的、便捷的、按需的网络访问，进入可配置的计算资源共享池（资源包括网络、服务器、存储、应用软件、服务），这些资源能够快速提供，只需投入很少的管理工作，或与服务供应商进行很少的交互。如 XenSystem 以及在国外已经非常成熟的 Intel 和 IBM，各种云计算的应用服务范围正日渐扩大，影响力无法估量。

---

① 国际电信联盟（ITU）和联合国教科文委员会（UNESCO）联合的宽带委员会. 宽带构建未来［R］. 2010.

大数据（Big Data，Mega Data）或称巨量资料。对于大数据，研究机构 Gartner 给出了这样的定义：大数据是需要新处理模式才能具有更强的决策力、洞察发现力和流程优化能力的海量、高增长率和多样化的信息资产①。

大数据技术的战略意义不在于掌握庞大的数据信息，而在于对这些含有意义的数据进行专业化处理。换言之，如果把大数据比作一种产业，则这种产业实现盈利的关键在于提高对数据的"加工能力"，通过"加工"实现数据的增值。

从技术上看，大数据与云计算就像一枚硬币的两面一样密不可分。大数据必然无法用单台计算机处理，必须采用分布式架构。分布式架构的特色在于对海量数据进行分布式数据挖掘，但必须依托云计算的分布式处理、分布式数据库和云存储、虚拟化技术。

大数据的积累有赖于云计算的支撑。调研结果表明：我国 15.5% 的金融企业已经将部分业务部署于云计算，近 40% 的企业计划在未来一年内"上云"。这说明许多金融机构已经开始对云计算技术、业务和战略进行多方面的探索。

云计算作为新一代信息技术的重要发展方向，已被广泛认为是支撑信息化应用和业务模式创新的核心，其技术与产业发展和应用的推广普及对于我国深入推进"两化"融合、完善社会管理手段、转变经济发展方式具有重要战略作用。在云计算技术的支撑下，大数据已经成为新时代重要的网络战略资源。随着经济、社会信息化的日益成熟，云计算、移动互联网和物联网等新一代信息技术的广泛应用，数据增长速度日益加快，数据类型日益丰富，大数据的价值也日渐凸显。云计算和大数据时代，无论政府、互联网公司、IT 企业还是行业用户都面临着巨大的挑战和机遇。深入研究新一代信息技术的发展趋势，全面把握新一代信息技术在传统产业技术改造和转型提升中的新需求、新应用和新机遇，是当今时代重要的课题②。

推进网络基础设施建设，推动云计算、大数据、信息安全机制等全面融合，是"互联网＋"时代产业发展的关键。在国家提出"互联网＋"行动计划以后，如何使智能终端用户这一庞大的群体享受到互联网带来的社会生活的便利，成为

---

① 国际电信联盟（ITU）和联合国教科文委员会（UNESCO）联合的宽带委员会. 宽带构建未来［R］. 2010.

② 国务院关于印发"宽带中国"战略及实施方案的通知（国发〔2013〕31 号）［EB/OL］.（2013 – 08 – 17）［2016 – 07 – 04］. http://www..gov.cn/zwgk/2013 – 08/17/content_ 2468348. htm.

未来支撑提升云计算大数据能力的重点方向和建设网络基础设施的重要内容。未来"互联网＋"时代的网络基础设施不仅包括传统的网络元素，而且是与云计算、大数据、信息安全机制等全面深度的融合①。

构建通信网络保障体系，完善信息网络设施。推进三网融合，加快高性能骨干网、城域网和接入网建设，构建先进的云计算和大数据服务能力。大力发展物联网、大数据、云计算和"互联网＋"，提升移动通信网络水平。压缩信号覆盖死角，建设覆盖城乡、高效便捷的高速信息网络设施。促进信息网络与其他产业融合发展，加快推进网络信息惠民工程的建设，加强农村电商网络基础设施建设。推进网络公共信息资源有效安全共享，促进信息化应用发展和信息消费。

提升"云计算＋大数据"的综合支撑能力。以云计算创新试点城市为重点，开展面向互联网行业和区域的"云计算＋大数据"智能基础设施建设示范工程，建设智能制造公共云服务平台，加强制造资源和能力的共建共享，提升智能制造公共服务水平，实施大数据关键技术及产品研发与产业化工程、大数据产业支撑能力提升工程，推动大数据应用和产业发展②。

实施国家大数据战略，把大数据作为基础性战略资源，全面实施促进大数据发展行动，加快推动数据资源共享开放和开发应用，助力产业转型升级和社会治理创新。加快政府数据开放共享，全面推进重点领域大数据高效采集、有效整合，深化政府数据和社会数据关联分析、融合利用，提高宏观调控、市场监管、社会治理和公共服务的精准性和有效性。依托政府数据统一共享交换平台，加快推进跨部门数据资源共享共用。加快建设国家政府数据统一开放平台，推动政府信息系统和公共数据互联开放共享。制定政府数据共享开放目录，依法推进数据资源向社会开放。统筹布局建设国家大数据平台、数据中心等基础设施。研究制定数据开放、保护等法律法规，制定政府信息资源管理办法。

促进大数据产业健康发展，深化大数据在各行业的创新应用，探索与传统产业协同发展的新业态、新模式，加快完善大数据产业链。加快海量数据采集、存储、清洗、分析发掘、可视化、安全与隐私保护等领域关键技术攻关。促进大数

---

① 中共中央办公厅、国务院办公厅印发《国务院关于积极推进"互联网＋"行动的指导意见》（国发〔2015〕）〔EB/OL〕. （2015－07－04）〔2016－09－07〕. http：//news. xinhuanet. com/politics/2015－07/04/c_ 1115815944. htm.

② 工业和信息化部. 把握互联网＋机遇 推动云计算创新应用发展（国发〔2015〕）〔EB/OL〕. （2016－03－30）〔2016－07－07〕. http：//news. xinhuanet. com/info/2016－03/30/c_ 135236341. htm.

据软硬件产品发展。完善大数据产业公共服务支撑体系和生态体系,加强标准体系和质量技术基础建设。

回顾人类历史的发展,每个阶段的进步都需要推动力。当前我国正处于全面向信息社会过渡的新工业革命阶段,无论是"互联网+"还是"中国制造2025",其背后的主要推动力都是以云计算和大数据为代表的新兴信息技术。信息产业从工业时代的一种产业形式发展到在云计算和大数据时代逐渐以其影响力和渗透力成为整个社会发展的基础,推动着我国向信息化、智能化发展。可以说,云计算驱动的大数据信息经济一定会带动中国移动互联网等产业的发展,激发中国包括制造领域在内各行各业的市场潜力和无限创意。

二、网络基础设施的体系建设

网络基础设施是一个复杂的体系,既要考虑结构合理性问题即科学性问题,又要考虑功能有效性问题即价值性问题,还要考虑先进性问题即战略性问题。因此,其体系建设一要通盘考虑、系统规划,二要功能耦合、系统配套,三要高效实用、服务人民,四要先进安全,引领发展。

因此,亟需加强网络基础设施的体系建设,完善政策法规和标准规范,推动出台互联网与工业融合、服务型制造、工业云和大数据等指导意见,组建"互联网+制造业"的标准推进联盟,制订智能制造综合标准体系。

(一)加强顶层设计,建立先进完备的网络基础标准体系

为了加快"互联网+"的发展,应坚持深化改革,更新思路,坚定信心深入推进"互联网+",立足政府职责,推进和完善互联网的管理,简化审批流程,持续降低互联网准入门槛,加强对互联网企业的指导,完善互联网产品和服务,促进培育新时代、新业态,促进"互联网+"产业的创业和创新,为互联网产业融合发展创造适合发展的广阔空间;继续开展新一代IP地址及网络中英文域名资源的管理,制定域名安全技术标准,加强地址可信、中文域名、域名安全解析领域的标准研究;建立先进完备的互联网基础标准体系,建立互联网业务应用类的标准体系;完善以IPv6过渡和安全为重点的网络和设备标准体系,超前布局创新型网络体系结构标准研究;加快云计算标准体系的设计和重点领域的

标准制定；围绕 IDC、CDN 等应用基础设施的改造与布局，加快相应标准的修订；以架构体系和物品编码等为重点，建立新一代物联网标准体系；加强网络与信息安全标准研究，完善安全防护系列标准，加强业务应用的安全标准研究；鼓励新一代互联网企业积极参与国际标准化活动，深化和扩大与主要国际标准组织的交流合作，大力推动国内标准的国际化，提升在国际标准中的影响力和话语权[①]。

（二）完善监管体系，打造诚信守法的网络基础市场环境

积极探索建立互联网业务分级分类指导的监管模式。综合考虑时代因素、发展阶段、属性形态、市场规模等因素，逐步强化互联网市场监管体系建设；逐步建立互联网企业信用记录、评估与公示制度；完善市场规则和公平协调处理机制，规范新一代互联网信息服务管理活动，理顺互联网产业链上下游关系，维护市场公平，建立公正、有序的市场秩序；完善覆盖应用、接入、网络基础设施、网络资源及各层次的市场监测体系，建设和完善业务市场的综合管理系统；加强综合管理系统之间的资源共享和联动作用，逐步建立互联网市场分级预警机制。

加强互联网电信业务市场准入与新闻、文化、出版、视听节目、教育、医疗保健、药品和医疗器械等专项前后置审批的协同性，形成专项内容管理与互联网电信业务管理相互衔接、有效配合的局面。

大力促进并倡导行业的自律、自审机制。大力发挥行业协会的监督促进作用，加强行业自律规范宣传；督促企业加强自律，遵从商业道德，倡导行业自律，积极完善行业规范，制定企业自律公约，倡导企业切实履行社会责任和社会义务；主动规范市场竞争等商业行为，加强自我内部管理和自律检查监督，自觉排斥不良竞争及不良促销等侵害消费者利益的不良行为；引导网络消费者文明上网，加强网络消费者自律；健全网络举报渠道，鼓励社会大众监督与自我监督，发现不良行为积极举报，及时杜绝不良信息传播等市场不良竞争行为。

统筹建立健全互联网权益保护体系。建立健全互联网权益保护协调处理机制，保护互联网企业与互联网消费者的权益，加快完善互联网用户权益的服务质

---

① 工业和信息化部."互联网＋"三年行动计划（国发〔2015〕）[EB/OL].（2015－12－15）[2016－07－07].http://news.xinhuanet.com/tech/2015－12/15/c_128530574.htm.

量和服务规范标准体系；督促加快现有电信服务体系规范、服务质量评测以及督促检查管理机制向互联网整体服务区域扩展，最终建成政府、企业、社会三方联动的互联网用户投诉、申诉、处理、处罚等流程机制；加强网络个人数据保护，加快互联网权益保护体系的云计算和大数据的发展，明确互联网服务提供者的义务，制定网络数据保护标准，建立健全多方认证和评估制度及机构。

（三）健全制度手段，强化网络基础设施管理体系

加快完善互联网资源分配和管理制度体系。进一步推动新一代 IP 地址的申请，更新换代推广使用 IPv6。优化新网络域名产业发展政策，规范和引导国内中英文域名产业的健康发展。积极推动建立网络域名注册和使用信用制度体系，积极推广安全可靠的".CN"".中国"等国家顶级域名的全球发展，提高中文域名及中文网站的国际影响力。建立健全 IP 地址管理制度体系，统筹规划新一代 IP 地址资源的申请、使用和管理。完善域名注册管理制度和流程，督促强化域名注册管理机构和服务机构的企业责任，打击违法违规行为，规范市场秩序。尽快制定新域名解析服务标准和市场管理制度，提高域名解析服务质量。

加强网络技术手段研究和网络技术平台建设。尽快健全完善网站备案、IP 地址、域名等互联网基础资源的信息管理系统，进一步提高 IP 地址分配使用备案率和域名实名注册率。加大对域名系统及其安全技术的研究，保障域名注册数据和域名解析系统安全。

（四）加强体系建设，提升网络信息安全保障能力

建立网络信息安全管理体系。强化推进网络安全等级保护、网络安全评测、网络风险评估等管理机制，强化 IDC、域名体系等互联网基础设施的安全保障，加强网络安全的检测管理等基础设施的建设力度，加强电信业务的增值服务，加强移动互联网和智能终端的网络安全监管工作，探索建立互联网新技术新业务信息安全评估体系，落实网络信息安全保障措施，提高网络安全防患和处置能力。加强网络信息安全技术监管手段的区域化建设，强化政府责任和企业网络服务、网络信息安全责任的落实。

加强互联网安全的防范应急管理体系。实施域名机制、网站分级制度，从健全规范体系、贯彻和完善工作预案等各方面入手，提高网络活动全面保障能力和

网络突发事件应急处理能力。加强公共网络环境的治理，实施网络病毒、木马及僵尸网络的专项打击常态化治理，积极治理计算机和手机病毒等网络毒链，开展网络安全联合应急演练，加强重要互联网信息系统的安全监测。

提高互联网设施的安全管控水平。坚持网络基础设施的软硬件安全产品并重，提高互联网设施关键装备的可控水平，支持网络安全技术产品的更新研发，完善网络信息安全产业链，发展和规范网络信息安全服务业。

培育新时代网络信息安全环境和文化。加大网络安全责任的宣传力度，增强政府、企业和网络用户等各个层面的安全意识，提升网络安全防护能力，并通过政府监管、行业协会监督、行业自律、社会监督、网民责任激发等多种方式培育网络安全环境和文化。

三、网络基础设施的施工建设

网络基础设施建设是一项浩大的工程，不仅需要政府的组织领导，更需要各部门的分工合作和建设部门的共同努力；不仅需要明确任务、明确主体、明确分工、明确职责，更要有建设规划蓝图、建设施工方案、建设进度步骤、建设质量标准、建设验收评估等一系列组织协调工作。

（一）强化组织保障及加强统筹协调工作

组建组织保障及统筹协调工作体系。加强政府统筹协调工作，强化各级部门、各省部统筹合作，构建各部门分工协作、各司其职、加强配合、高效运转的工作体系。快速推进"互联网＋"和实施"中国制造2025"等目标紧密地结合，共同促进，协调发展，加强政府整体规划和布局工作，有步骤、有组织地实施各项统筹工作。加强中央对地方的指导，结合完善的跟踪和评价机制，充分调动各主管部门的积极性。同时，地方各级部门要加强网络基础建设行动计划的落实和组织保障工作，成立相关部门或小组，结合实际情况，统筹安排，制定配套政策，积极探索新方式、新方法、新思路，做好组织保障及统筹协调工作。

提高网络管理水平。强化网络安全支持体系，采用安全可信的网络可信产品和服务，提升网络基础设施、关键设备安全可靠水平，建设国家网络安全信息汇总共享和信息分析平台，积极促进网络安全相关数据融合和资源合理分配，提升重大网络安全事件应急处理能力，深化网络安全防护体系和网络态势感知能力建设，增强网络空间安全防护和安全事件的识别能力，开展网络安全监测和预警通报工作，加强网络大数据环境下防攻击、防泄密、防窃取的监测、预警、控制和应急处置能力建设。

强化网络安全保障能力。建立健全网络大数据安全保障体系，加强大数据环境下的网络安全问题研究，加快基于大数据的网络安全技术研究，及时落实信息安全等级保护、风险评估等网络安全制度，建立健全大数据安全保障体系，及早建立网络大数据安全评估体系，切实加强网络关键信息基础设施安全防护，做好大数据平台级服务商的可靠性及安全性评测、应用安全评测、监测预警和风险评估工作，明确数据采集、传输、存储、使用、开放等各环节保障网络安全的范围边界、责任主体和具体要求等，切实加强国家利益、公共安全、商业秘密、个人隐私、军工科研生产等信息的保护工作，妥善处理发展创新与保障安全的关系，审慎监管，保护创新，探索完善安全保密管理规范措施，切实保障网络数据安全。

（二）加强智能制造顶层设计

研究制定智能制造发展战略，明确阶段目标、发展重点和实施路径。尽快制定智能制造工程实施的方案，明确智能制造装备和产品、重点行业智能工厂、数字化车间等新领域发展的目标、重点和实施方案，发布智能制造综合标准化建设指南，开展标准试验验证及典型行业的推广应用。推动传统装备智能化改造和智能升级，围绕大中小企业核心装备、关键工序智能化改造的共性问题，支持地方主管部门、协会联盟、研究院所分行业制定装备智能化改造方案，明确阶段性目标、路径和方法。

提升智能制造系统解决方案制定能力。面向重点行业智能制造单元、智能生产线、智能车间和智能工厂的建设，提升工业自动化和信息技术等集成服务企业的构架设计、综合集成和提出解决方案的能力，组织实施智能制造系统解决方案能力的提升工程，支持制造企业、信息技术企业和互联网企业建立协同互助机制，开展设计工具、生产装备、工业操作系统、工业互联网、智能芯片和工业控制设备等协同攻关和应用示范，形成行业智能制造整体解决方案。

发展智能制造装备和产品体系。组织实施智能制造专项工程，支持智能制造装备和产品的创新发展，加快重点领域装备的智能化，加快组织"数控一代"装备的创新工程行动计划和高档数控机床与基础制造专项工作，推动车联网技术的研发和标准制定，组织开展新一代车联网试点工作和基于5G技术的车联网示范工作。制定完善《智能硬件创新发展行动计划》，推动智能穿戴和服务机器人等新型智能硬件产品研发和产业化，持续推进智慧家庭的应用示范基地创建工作。

组织开展智能制造试点示范工作。以企业为主体、民间市场为导向、科技应用为核心，聚焦科技智能制造的关键环节，在基础条件优良、需求较为迫切的重点地区和行业，遴选一批在智能装备、智能工厂、智能服务、智能供应链、智能制造新模式领域具有引领示范作用的试点企业，不断提炼和总结有效的经验和模式，开展行业示范和科技应用推广。依托新型工业化示范基地，开展智能园区的试点示范，培育一批新型智能园区。

（三）明确建设阶段目标、发展重点和实施路径

发展新型制造方式，组织开展"互联网＋"制造业试点示范，推动企业建立基于互联网的新时代规模化个性化定制、网络化协同制造、云制造等新型制造模式，形成基于消费需求动态感知的研发、制造和服务等新方式。推动互联网应用从生产到销售等环节向生产制造全过程拓展，鼓励互联网企业在线实时发布研发设计资源、生产制造和物流配送能力，形成基于"互联网＋"和大数据驱动的线上线下配置的新型生产方式。

打造产业服务转型的新型平台经济。支持互联网企业、制造企业和信息技术服务企业的跨界联合，建设和推广应用工业云平台，组织开展工业云服务创新试点工作，推进研发设计、生产制造、营销服务、测试验证等资源的开放共享，打造互联网工业云生态系统。开展工业化电子商务区域试点工作，推动工业电子商务平台、物联网、互联网金融等业务的协同创新发展，培育一批工业电子商务示范区、平台和企业。支持制造龙头企业以供应链管理为重点，深化互联网企业间电子商务应用，发展网络直销电商、社交电商、跨境电商等网络营销新模式。

加强开放式研发模式的研究。引导网络相关制造企业建立开放创新交互平台、在线设计中心，充分对接用户需求，发展基于互联网的众创等研发设计模式。支持机械、航空、船舶、汽车、电子信息等制造企业加快构建产业链协同研

发体系，聚集各类创新资源，发展基于互联网的协同设计模式。支持大企业建立面向全社会的研发测试、创新培训、投融资、创业孵化等大众创业创新服务平台，鼓励地方发展众创空间，打造市场化与专业化结合、线上与线下互动、孵化与投资衔接的创新载体。

加快开发和应用工业大数据实施方案。研究制定工业大数据发展规划，明确未来发展方向、目标和路径，支持开发一批适应新时代市场营销、研发设计、生产制造、经营管理等重大环节的大数据分析技术和产品，积极推动建设面向全产业链的大数据资源整合和分析平台，组织开展行业应用试点示范工作，依托高端装备、电子信息等数据密集型产业聚集区，建设一批工业大数据行业平台和服务示范基地[1]。

（四）制定智能制造工程实施方案

发展智能制造装备和产品，组织实施智能制造专项，支持智能制造装备和产品创新发展项目。瞄准智能制造主攻方向，推动"两化"深度融合发展。实施智能制造工程，支持高档数控机床与工业机器人、智能制造、智能传感与控制、智能检测与装配、智能物流与仓储五大关键装备创新应用。继续实施智能制造试点示范行动，确定新模式试点示范项目，深化"互联网＋制造业"的创新发展，指导筹划新一代互联网与制造业融合发展，深入推广"两化"融合管理体系，制定智能制造标准体系，研究总体框架和路线图，提升工业信息安全保障能力。

积极开放符合条件的智能制造项目。开设智能制造专项建设基金，鼓励建立市场运作下的各类智能制造发展基金，搭建政府、银行、企业合作平台，研究建立产融对接的新模式，引导和推动金融机构创新符合智能制造发展方向和企业需要的产品与服务方式。

深入推进智能工业互联网发展部署工作。研究制定新一代互联网工程整体网络构架实施方案，明确我国工业互联网的关键技术路径。加快基于IPv6、工业以太网、泛在无线、软件定义网络（SDN）、5G及工业云计算、大数据等新型技术

---

[1] 工业和信息化部关于印发贯彻落实《国务院关于积极推进"互联网＋"行动的指导意见》行动计划（2015—2018年）的通知（工信部信软〔2015〕440号）[EB/OL].（2015－12－14）[2016－09－10]. http://www.miit.gov.cn/n1146290/n4388791/c4538291/content.html.

的工业互联网部署。组织开展工业互联网关键资源管理平台和关键技术试验平台建设。积极推动成立工业互联网产业联盟，支持民间企业开展工业互联网创新示范应用，在工业无线应用、标示解析、工业以太网、IPv6 应用等领域开展工程应用示范。

（五）制定解决方案，提升系统解决方案制定能力

加快制定网络基础建设解决方案。推进信息物理系统（CPS）关键技术研发及产业化。建设信息物理系统标准体系，加快制定信息物理系统参考模型、功能架构、数据和数据链等基础关键标准。支持工业软件企业，攻关解决物理仿真、人机交互、智能控制、系统自治等关键技术，提升计算机辅助设计仿真（CAD/CAE）、制造执行系统（MES）、产品全生命周期管理（PLM）、分布式控制系统（DCS）等工业软硬件研发和产业化能力。支持研发行业信息物理系统开发工具、知识库、组件库等通用开发平台，推动工业软件、工业大数据、工业网络、工控安全系统、智能机器等集成应用，增强行业信息物理系统系统解决方案研发能力。

提升系统解决方案制定能力。开展行业信息物理系统应用测试和试点示范。依托科研院所、高校、大型企业，围绕重点行业，建立行业信息物理系统应用测试验证平台，构建具有信息物理系统综合验证能力的试验床，开展关键技术、网络、平台、应用环境的兼容适配、互联互通和互操作测试验证。支持第三方机构建立信息物理系统安全测试评估平台，测试评估信息物理系统关键软件、传感器、移动终端设备、工业网络等的安全性能。面向航空、汽车、电子、石化等重点行业，组织开展信息物理系统应用示范。

（六）加强工业信息系统安全保障体系建设

积极探索完善工业信息系统安全保障服务体系，不断更新优化现有工业信息安全系统，加大政府和各部门的组织力度，为互联网用户提供持续、专业、全面和快速的服务体系；完善网络信息系统安全新动态的工具盒产品，并持续跟进安全服务；建立并启动紧急救援计划，提供网络安全专家紧急出动服务，及时恢复系统正常工作；提供事故分析报告和安全建议及服务，完善和提供及时、全面的

安全问题解决方案①。

建立工业信息系统和产品的安全审查制度。积极完善现有已建和在建信息系统所用软硬件产品的功能性检测，完善现有互联网工业信息系统安全保障体系的法律法规；加强示范引导、政策激励，加大推广国产高端服务器系统的力度，在国家重要信息系统范围内选择若干应用领域，由国家政策、资金支持，搭建国产软硬件示范平台，通过应用示范效应带动国产信息化装备的推广应用；鼓励和支持重要信息系统承建单位使用国产高端服务器系统，设立成果推广使用专项，对用户采用国产高端服务器系统进行系统迁移费用补贴，对于因业务系统采用国产装备必需的新系统开发、移植产生的新增项目开发给予科研立项和科研经费的支持。

完善工业信息系统信息安全标准体系及准入机制，加强信息系统的安全准入机制，在保证系统安全的同时支持国产技术应用。对于重要信息系统的高端服务器系统实行准入限制，通过对相应重要信息产品功能性、安全性、可控性的强制性检测、审查，建立政府采购、重要信息系统采购目录。政府采购、重要信息系统采购中在平衡安全价值、经济价值、发展价值时优先考虑安全性原则，要从供应链安全角度优先使用自主高端服务器、操作系统、数据库等技术产品。对于违背安全性原则，造成重要信息系统安全事故的，要依据国家相关法律法规追究相关组织、人员的责任。

研究制定工业信息安全风险报送发布管理办法。开展重点领域工控系统信息安全检查和风险评估，支持工控系统信息安全核心技术、产品研发和产业化。建设一批工业信息系统安全实验室，优先支持工业控制产品与系统信息安全仿真测试、监测预警等公共服务平台建设，培养一批第三方服务机构。

四、网络基础设施的保障建设

网络基础设施是一项需要全社会关注、支持并参与的公共事业，需要一系列的配套措施、保障措施和协同支持，其中主要包括技术支持、人力支持、资金支

---

① 工业和信息化部. 中国超前布局下一代互联网 让发展成果造福更多百姓（工信部信软〔2015〕）[EB/OL]. (2015−12−13)［2016−09−10］. http://news.xinhuanet.com/comments/2015−12/13/c_1117444321.htm.

持、法制支持和文化支持等。

（一）完善保障网络健康发展的行业管理法律制度

积极加快完善保障互联网健康发展的行业管理法律制度建设。及时修订政府法律信息网络公开条例，研究网络数据开放、网络数据安全保障等方面的制度，及早实现对网络数据资源采集、传输、验证、储存、使用、开放的规范管理条例，促进政府公开数据在安全原则下最大程度公开开放，明确政府统筹利用市场主体大数据的权限和管理范围。及早推出政府网络信息资源管理规定，组建政府部门数据采集、资源统筹管理和共享制度。推动网络个人信息保护立法工作，界定网络信息采集范围和方式，明确相关主体的权利、责任和义务，加强对网络数据过度使用、侵犯个人隐私等行为的管理和惩戒力度。加强对基础网络信息和关键行业领域重要信息的安全保护，保障重要信息的网络数据安全。研究推动数据资源权利相关的立法工作。推进网络用户信息保护、知识产权保护、网络实名制、数据保护等相关的立法工作，建立安全可信的网络在线环境，保护互联网技术与业务的创新工作，创造有利于互联网健康发展的法律环境。加强网络与信息安全立法工作，修改完善《互联网信息服务管理办法》及网络域名、网络 IP 地址等互联网资源管理规定，规范互联网信息服务行为。加强互联网企业境内外上市、外资并购等过程中的行业管理。

加强对未来"互联网＋"背景下法律法规、监管制度、技术标准和安全机制等重大问题的研究。进一步推进新时代互联网领域的立法工作，健全网络信息服务、网络安全保障、大数据管理等方面的法律法规，提升互联网空间法制化建设的管理水平。推进电信业务市场的进一步开放，升级宽带接入市场开放工作和移动通信业务开放工作，引导民营企业进一步进入电信业务，提升宽带市场的开放和服务水平。建立跨行业、跨领域的新型产品使用联盟，形成利益共享、合作共享、合作共赢的新机制，充分发挥政府在制定和实施标准、营造政策环境、提供公共服务等方面的作用。

（二）加强网络管理制度和管理能力建设

完善组织管理实施机制，建立国家管理大数据发展和应用统筹协调管理机制，形成职责明确、协同推进的管理工作格局。加强大数据等的研究，加快制定出台配套政策制度，强化国家数据资源统筹管理机制。加强大数据和物联网、智慧城市、云计算和"互联网＋"等相关政策法规的协同管理工作，加强中央与地方的组织协调，引导地方各级政府部门结合自身情况准确合理定位、精心组织谋划，积极将大数据、物联网、智慧城市发展纳入当地发展规划，制定出台促进新时代互联网产业发展的政策措施，突出区域分工，抓好落实工作，实现科学有序的发展。

推动完善跨部门、跨区域协同工作机制。各有关部门要统一思想，认真落实推动网络管理能力建设各项任务，共同推动形成网络公共信息资源共享共用和"互联网＋"产业健康发展的良好模式。按照责任分工，严格互联网业务开展及网站开设的审批制度；结合互联网新时代的新形势，不断完善各部门之间的协同配合工作机制，完善跨区域联合管理机制，提升管理效能；加大政府人员与资金的投入，提高管理人员的专业化水平，提高互联网行业管理水平，提升互联网行业管理的信息化水平；进一步加强对"互联网＋"发展的前瞻性研究，及时升级技术及管理手段，加大互联网行业管理各项系统建设，加强各部门、各系统之间的高效联动和资源共享，提高管理效能。

(三) 加强网络基础设施建设的政策支持

加强网络基础设施建设的标准政策制定。完善互联网基础设施建设的标准规范体系，加快推进大数据产业标准体系建设，加快建立政府部门及事业单位等的数据标准和统计标准体系，推进数据采集、政府数据开放、分类目录、指标口径、交换接口、访问接口、数据质量、数据交易、技术产品、安全保密等关键共性标准的制定和实施。加快建立大数据市场交易标准体系，积极开展标准验证和应用试点示范，建立国家标准符合性评估机制，充分发挥标准评估在培育服务市场、提升政府服务能力、支撑行业管理方面的作用，积极参与相关国际标准制定工作。

加强网络基础建设的资金政策支持。加强政府的资金政策支持，通过现有的资金渠道，进一步引导互联网高速宽带接入网络，促进下一代互联网等基础设施的快速发展；开放思路，引进多元化发展支持模式，通过增加补贴等方式推进西部地区、广大农村、少数民族地区及社区和公益性机构的光纤宽带建设。加强互联网基础设施建设与城市建设等有关部门的协同联动机制，确保未来城市建设中的光纤管线、宽带接入网络等与城市基础设施同步规划、同步建设；加强海陆线缆等国际通信基础设施建设的国内跨部门协调和国际协调合作，出台一系列互联网间构架指导意见，适时调整骨干互联网互联互通结算政策，优化互联网间结构，建立互联网间扩容的长效机制，完善互联网间的通信质量监测机制和手段，加强互联网关键域名系统的备份和应急设施建设工作。

（四）加大网络基础建设的财税金融政策支持

综合利用各种专项资金，加大对"互联网＋"等重点互联网发展领域的资金投入，建立国家专项资金，在国家重大专项、科技支撑计划的立项和实施中加大对移动互联网、下一代互联网、云计算、物联网等领域技术研发的支持，支持互联网企业按照中央和地方政府相关规定依法享受财税等优惠政策。统筹利用现有的政府财政专项资金，整合各类资源，优化现有资金配置，鼓励地方各级政府设立互联网专项资金，加大对"互联网＋"制造业和微小企业的财政支持。采用政府和社会资本合作（PPP）的新模式，引导社会资本参与政府网络基础设施建设等，探索推动符合条件的跨界、融合、创新性产业和服务享受软件产业税收优惠等政策。

加强对互联网大数据发展的金融支持。加强中央政府专职专项资金的引导作用，集中力量支持大数据的建设和发展，大力支持大数据核心关键技术的更新以及大数据产业链的构建，加强大数据的使用和示范，加强大数据公共服务平台的建设等。利用现有的资金支持渠道，积极推动建设一批与国际接轨的大数据重大示范工程。加快完善政府采购大数据服务的配套政策，加强对政府部门和企业合作开发的支持力度，加大对大数据企业的支持力度。鼓励大数据企业进入资本市场融资，鼓励金融机构加强和改进金融服务，为企业的发展和并购创造更加有利的金融政策环境。引导新的创业投资资金转向大数据产业，鼓励并设立投资大数据领域的创业基金①。

完善互联网知识产权的保护和投资融资环境。改善互联网投资环境，积极推进互联网专利等知识产权保护，推动建立以企业为主体，以市场为导向的产、

---

① 中共中央关于制定国民经济和社会发展第十三个五年规划的建议［EB/OL］.（2015－11－03）［2016－09－10］. http：//news. xinhuanet. com/finance/2015－11/03/c_ 1117025413. htm.

学、研、用相结合的互联网企业知识产权创新保护体系；积极完善互联网知识产权的价值评估和利益分配机制，鼓励互联网企业将知识产权转化应用；加大打击互联网领域侵权盗版行为，提高政府对互联网企业知识产权纠纷的处理能力，引导企业依法应对涉及知识产权的侵权行为的法律诉讼意识。积极推进新一代互联网专利等知识产权的融资质押试点，减小互联网企业的贷款难度，支持互联网企业发行公司债券和短期融资债券，推动改善国内互联网资本市场环境，优化风险投资机制，鼓励互联网优质上市企业回归市场。

（五）加强网络专业人才体系建设

引导高校结合新时代互联网新兴业态的发展考虑专业设置和调整，创新网络人才培养模式，鼓励通过合作办学、定向培养、继续教育等多种方式培养互联网人才。建立健全高层次、多类型的网络人才培养模式，重点培养专业互联网和专业大数据人才，加强人才发展分类指导机制，围绕"互联网＋"的发展需求，依托国家重大人才工程，加快培养一批高端复合型人才。鼓励采取跨校联合培养等新模式开展跨学科互联网综合型人才培养，大力培养具有大数据、统计分析、计算机技术、经济管理等多学科知识的跨界复合型人才。鼓励高等院校和职业院校合作，加强互联网职业技能实践培训，积极培养大数据技术和"互联网＋"应用创新型人才。依托社会化教育资源，开展大数据知识的教育和普及，提高社会整体认知和应用水平。加强高校与企业的合作，建立一批面向"互联网＋"的制造业和微小企业实训基地，培育一批经营管理、专业技术和职能技能人才。调整完善部署高校学科专业建设体系和人才培养评价体系，引导部署高校建设在线慕课平台，加快推广首席信息官制度。鼓励地方政府和互联网企业加大职工培训投入力度，加强创新型互联网人才的引进和利用，探索互联网特殊人才的工作激励机制，保障人才的收入、税收、住房等，推动完善技术入股、股票期权等知识资本化激励方式。利用国家引进高层次海外人才计划的平台，积极引进互联网发展所需的高端人才，健全互联网人才的评价机制，加强互联网人才的科学管理制度建设。

（六）推动完善网络国际合作治理机制

促进国际交流合作，在坚持平等合作、互利共赢的前提下，将互联网发展纳入国家经济发展和对外交往工作大局，建立完善国际合作机制，逐步建立社会各方力量广泛参与的机制。结合"一带一路"等国家重大战略，积极参加联合国和国际组织的各类活动，充分利用多边和双边机制开展多层次、多渠道的对话和交流。加强网络空间规则、资源、安全等国际合作，深入参与国际社会互联网公共政策与规则制定的讨论与协商，持续推动建立多边、民主、透明的国际互联网基础资源分配体制，积极推进网络安全领域政府间及非政府间的国际合作，促进对跨国网络安全事件的协同处理。积极推进大数据技术交流与合作，充分利用国际创新资源，促进互联网相关技术发展，结合"互联网＋"及大数据应用创新需要，积极引进互联网高层次人才和领军人才，完善配套措施，鼓励海外高端人才回国就业创业。

引导国内企业与国际优势企业加强互联网数据技术、产品的研发合作，支持和鼓励互联网企业联合制造、金融、信息技术、通信等领域企业走向国际；支持国内企业参与全球市场竞争，积极开拓国际市场；联合国内金融机构及国际基金，建立"互联网＋制造业"境外投资合作机制，推动建立中国与世界各国政府和民间网络对话交流机制，围绕智能制造、标准定制、行业应用示范等开展技术交流与合作；支持互联网行业协会、产业联盟与企业共同推广中国技术和中国标准，努力打造若干具有国际竞争力的互联网产业和产品①。

① 中共中央关于制定国民经济和社会发展第十三个五年规划的建议［EB/OL］.（2015 - 11 - 03）［2016 - 09 - 10］. http：//news. xinhuanet. com/finance/2015 - 11/03/c_ 1117025413. htm.

第六章　网络基础设施建设的战略对策

十八大以来，党中央高度重视网信事业的发展进步，党的十八届五中全会提出了"实施网络强国战略"。近年来，我国网络信息化建设突飞猛进：互联网基础环境全面优化，网络空间法治化快速推进，网络空间日渐清朗，互联网企业突飞猛进，网络文化全面繁荣，互联网成为国家经济发展的重要驱动力，正在向建设网络强国的战略目标奋勇迈进。中央网络安全和信息化领导小组组长习近平总书记2014年2月在中央网络安全和信息化领导小组第一次会议上强调，网络安全和信息化是事关国家安全和国家发展、事关广大人民群众工作生活的重大战略问题，要从国际国内大势出发，总体布局，统筹各方，创新发展，努力把我国建设成为网络强国。

要建设网络强国，网络基础设施建设是基础工程。网络基础设施建设是一项复杂的系统工程，涉及国外与国内、国家和社会、军队和地方等各个方面。针对我国网络基础设施建设遇到的总体发展速度缓慢、建设规模有限、层次不高的差距问题，地区间发展不平衡、网络覆盖率低、参差不齐等失衡问题，系统建设不配套不协调、互联互通障碍重重的各自为政问题，融资投资体制不健全、投入保障不力、资金缺口大的投资保障不够的问题，国际合作机制尚未建成、国际通道不畅的信息壁垒问题等一系列问题与挑战，我们需要审时度势，准确把握国际互联网发展形势，吸取发达国家网络基础设施建设的经验，认清我国网络基础设施建设的现状，制定全局性和前瞻性的战略对策，主要包括：系统规划，制定总体发展战略；突出重点，加速打通"最后一公里"；强化管理，抓好重大工程项目建设；突破瓶颈，建立高效顺畅的融资投资机制；加强合作，借力共建共管共享国际大机制等。

一、系统规划，制定总体发展战略

针对网络基础设施建设的提升，国家提出了全局性发展战略，包括"宽带中国"战略和"网络强国"战略等，并通过一系列实施意见制定了总体时间表和建设标准。

工业和信息化部部长苗圩在 2011 年全国工业和信息化工作会议上提出"宽带中国"战略，目的是加快我国宽带建设。《国务院关于印发"宽带中国"战略及实施方案的通知》提出，根据《2006—2020 年国家信息化发展战略》《国务院关于大力推进信息化发展和切实保障信息安全的若干意见》（国发〔2012〕23 号）和《"十二五"国家战略性新兴产业发展规划》的总体要求，特制定《"宽带中国"战略及实施方案》，旨在加强战略引导和系统部署，推动我国宽带基础设施快速健康发展①。

《中共中央关于制定国民经济和社会发展第十三个五年规划的建议》明确提出实施网络强国战略，加快构建高速、移动、安全、泛在的新一代信息基础设施。要积极拓展网络经济空间，实施"互联网＋"行动计划，发展物联网技术和应用，完善电信普遍服务机制，不断推进产业组织、商业模式、供应链、物流链创新，支持基于互联网的各类创新②。

这两大战略也成为我国网络基础设施建设的纲领性文件，成为我国进行网络基础设施建设的基本遵循。

（一）制定总体发展战略的重要性

网络基础设施建设是长期而复杂的，也是一个系统工程，需要总体设计和制定战略。作为世界上人口最多的国家，中国的网络基础设施建设需要战略支撑，这也是"网络强国"战略和"宽带中国"战略诞生的必然原因。

目前，我国互联网网速平均速率仅为 1.774Mbit/s，排名全球第 71 位，可以

---

① 国务院关于印发"宽带中国"战略及实施方案的通知（国发〔2013〕31 号）［EB/OL］.（2013 – 08 – 17）［2016 – 07 – 04］. http：//www. gov. cn/zwgk/2013 – 08/17/content_ 2468348. htm.

② 中共中央关于制定国民经济和社会发展第十三个五年规划的建议［EB/OL］.（2015 – 11 – 03）［2016 – 07 – 04］. http：//news. xinhuanet. com/finance/2015 – 11/03/c_ 1117025413. htm.

说仍处于"低速宽带"阶段。工业和信息化部科技司巡视员戴晓慧表示，下一代网络发展的关键是带宽问题，只有实现高速宽带，下一代互联网、新一代移动通信、物联网、云计算才能得到大发展。"宽带中国"战略更广义的拉动效应远不止于此，其对产业链上下游的提振，以及由此延伸和派生出的新业务与服务将影响并带动更多相关产业发展，对宏观经济产生促进作用。国家发展改革委员会产业研究所的有关研究报告称，首先，宽带建设对 GDP 增长的拉动作用明显。欧盟研究表明，宽带有助于加速信息传递，提高社会经济运转效率，对欧盟国家GDP 增长的贡献率达到 0.71%。其次，宽带建设对就业的促进作用突出。布鲁金斯学会研究发现，宽带普及率每增加 1%，就业率上升 0.2% ~ 0.3%。据统计，每个宽带制造业岗位将带来 2.91 个其他新工作岗位，每个宽带服务业岗位将带来 2.52 个其他岗位。宽带产业对上下游的就业拉动作用是传统行业的1.17 倍。

"宽带中国"战略实施方案备受期待，无论个人、企业还是社会都希望通过提升宽带覆盖水平全面实施网络强国战略。相关部门在制订实施方案时应注意不仅要有方向指引、建设目标，还应该有具体的政策，如通过政策引导，鼓励技术、人才等资源投向宽带产业；有相应的投融资政策，使宽带产业多方筹措资金，加大对宽带产业的投入，为宽带企业在国内外上市融资创造条件。

（二）网络强国战略的核心内容

任何一项浩大的工程建设都离不开系统规划，必须制定总体发展战略。网络强国战略的核心内容包含了网络基础设施建设的方方面面。

1. 建设网络强国

2014 年 2 月 27 日，习近平总书记主持召开中央网络安全和信息化领导小组第一次会议，强调：网络安全和信息化是事关国家安全和国家发展、事关广大人民群众工作生活的重大战略问题，要从国际国内大势出发，总体布局，统筹各方，创新发展，努力把我国建设成为网络强国。建设网络强国的战略部署要与"两个一百年"奋斗目标同步推进，向着网络基础设施基本普及、自主创新能力显著增强、信息经济全面发展、网络安全保障有力的目标不断前进。2014 年 11月 19 日，习近平总书记向首届世界互联网大会致贺词：中国正在积极推进网络建设，让互联网发展成果惠及 13 亿中国人民。可以看出，我国网络强国战略的最主要内容是使我国从网络大国变为网络强国。

2. 保障网络安全

2013 年 11 月 15 日，习近平总书记《关于〈中共中央关于全面深化改革若干重大问题的决定〉的说明》中提到："网络和信息安全牵涉到国家安全和社会稳定，是我们面临的新的综合性挑战。"2014 年 2 月 27 日，习近平总书记主持召开中央网络安全和信息化领导小组第一次会议时强调："没有网络安全就没有国家安全，没有信息化就没有现代化。网络安全和信息化是一体之两翼、驱动之双轮，必须统一谋划、统一部署、统一推进、统一实施。做好网络安全和信息化工作，要处理好安全和发展的关系，做到协调一致、齐头并进，以安全保发展、以发展促安全，努力建久安之势、成长治之业。"

2014 年 7 月 16 日，习近平总书记在巴西国会的演讲中强调：当今世界，互联网发展对国家主权、安全、发展利益提出了新的挑战，必须认真应对。虽然互联网具有高度全球化的特征，但每一个国家在信息领域的主权权益都不应受到侵犯，互联网技术再发展也不能侵犯他国的信息主权。在信息领域没有双重标准，各国都有权维护自己的信息安全，不能一个国家安全而其他国家不安全，一部分国家安全而另一部分国家不安全，更不能牺牲别国安全谋求自身所谓绝对安全。

2015 年 9 月 22 日，习近平总书记接受《华尔街日报》采访时指出：互联网作为 20 世纪最伟大的发明之一，把世界变成了"地球村"，深刻改变着人们的生产生活，有力推动着社会发展，具有高度全球化的特性。但是这块"新疆域"不是法外之地，同样要讲法治，同样要维护国家主权、安全、发展利益。

网络的发展其中一个重要原则是保障网络安全，为此 2014 年 2 月 27 日中央网络安全和信息化领导小组成立，习近平总书记任组长。该领导小组将着眼于国家安全和长远发展，统筹协调涉及经济、政治、文化、社会及军事等各个领域的网络安全和信息化重大问题，研究制定网络安全和信息化发展战略、宏观规划和重大政策，推动国家网络安全和信息化法治建设，不断增强安全保障能力。

3. 掌握核心技术

2014 年 2 月 27 日，习近平总书记主持召开中央网络安全和信息化领导小组第一次会议时强调：建设网络强国，要有自己的技术，有过硬的技术；要有丰富全面的信息服务，繁荣发展的网络文化；要有良好的信息基础设施，形成实力雄厚的信息经济。信息技术和产业发展程度决定着信息化发展水平，要加强核心技术自主创新和基础设施建设，提升信息采集、处理、传播、利用、安全能力，更好地惠及民生。

（三）实施网络强国战略应注意的几个问题

在网络基础设施建设中我们已经取得了显著的成绩。据中国互联网络信息中心统计，"十二五"期间，我国已初步建成快速便捷的网络环境。网络覆盖更广，中国固定宽带接入端达 4.07 亿个，覆盖全国所有城市、乡镇和 93.5% 的行政村。网络速度更快，8M 以上接入速率宽带用户占比达到 53.4%，20M 及以上接入速率用户占比达到 19.6%[①]。实施网络强国战略还应注意以下几个问题。

1. 加强组织领导

建立"宽带中国"战略实施部际协调机制，加强统筹和配合，协调解决重大问题，务实推进战略的贯彻实施。各部门要充分整合、有效利用现有资源和政策，抓紧制定出台配套政策，确保各项任务措施落到实处。地方各级人民政府要将宽带发展纳入地区经济社会和城镇化发展规划，加强组织领导，结合实际适度超前部署，加大资金投入和政策支持力度，避免重复建设，推进本地区宽带快速健康发展。

2. 完善制度环境

完善法律法规。加快推动出台相关法律法规，明确宽带网络作为国家公共基础设施的法律地位，强化宽带网络设施保护。依法保护个人信息，营造安全可信的网络环境，促进宽带应用发展。

健全监管体系。全面推进三网融合，加快电信和广电业务双向进入，建立和完善适应三网融合需要的网络信息安全和文化安全监管机制。健全宽带网络监管

---

① 这三年：中国网信建设突飞猛进 由网络大国迈向网络强国［EB/OL］.（2016－01－10）［2016－07－04］. http：//www. ce. cn/xwzx/gnsz/gdxw/2016－01/10/t20160110_ 8174213. shtml.

制度，加强监管能力建设，推进监管队伍向地市延伸。

推动开放竞争。逐步开放宽带接入网业务，鼓励民间资本参与宽带网络设施建设和业务运营，推动形成多种主体相互竞争、优势互补、共同发展的市场格局。规范宽带市场竞争行为，保障住宅小区及机场、高速公路、地铁等公共服务区域的公平进入。加强国家骨干网网间通信质量监管，建立网间互联带宽扩容长效机制，完善骨干网网间结算办法，保障网间互联高效畅通和骨干网公平竞争。通过产业联盟、行业协会等各种渠道，引导宽带网络设备制造和信息服务企业加强行业自律，建立竞争机制，共同维护竞争秩序。

深化应用创新。构建和完善宏观调控、社会管理和公共服务等基础信息资源体系，加快建立公益性信息资源开发应用长效机制，推进农业、科技、教育、文化、卫生、人口、就业和社会保障、国土资源等领域信息资源的公益性利用，建立跨地区、跨部门、跨层级的开放共享机制。

3. 规范建设秩序

严格落实宽带网络建设规划和规范。按照城乡规划法、土地管理法和城市通信工程规划等法律法规和规范规定，将宽带网络建设纳入各地城乡规划、土地利用总体规划。切实执行住宅小区和住宅建筑宽带网络设施的工程设计、施工及验收规范。做好宽带网络与高速公路、铁路、机场等交通设施规划和建设的衔接。

保障宽带网络设施建设与通行。政府机关、企事业单位和公共机构等所属公共设施，市政、公路、铁路、机场、地铁等公共设施应向宽带网络设施建设开放，并提供通行便利。对因征地拆迁、城乡建设等造成的光缆、管道、基站、机房等宽带网络设施迁移和毁损，严格按照有关标准予以补偿。

深化网络设施共建共享。在城市地下管线规划、控制性详细规划中统筹安排通信工程综合管道网和相关设施，加强宽带网络设施与城市其他通信管线、居住区、公共建筑等管线的协调。深化光缆、管道、基站等电信基础设施的共建共享，创新合作模式，探索应用新技术，促进资源节约。

4. 加强人才培养

优先保障人才发展投入。争取国家重大人才工程加大对宽带人才队伍建设的支持力度，加强宽带领域专业技术人才继续教育。依托重大科研、工程、产业攻关等项目开展人才培养工作，重视发挥企业作用，在实践中聚集和培养人才。

加大高层次人才引进和培养。加强宽带重点领域创新型人才引进，将所需人才纳入国家海外高层次人才引进计划，大力吸引海外高层次人才在华创新创业。鼓励采用合作办学、定向培养、继续教育等多种形式创新宽带相关专业人才培养模式，建立科研机构、高校创新人才向企业流动的机制[①]。

通过以上各个环节，动员全社会的力量从领导和管理、制度环境、建设秩序及人才培养上着手，合力打造网络基础设施建设的良好氛围和有效机制。

二、突出重点，加速打通"最后一公里"

习近平总书记在世界互联网大会的主旨演讲中提到：中国正在实施"宽带中国"战略，预计到 2020 年，中国宽带网络将基本覆盖所有农村，打通网络基础设施"最后一公里"，让更多人用上互联网。目前我国宽带发展水平并不平衡，呈现东部发展快、西部发展慢、城市普及率高、乡村普及率低的特点。现阶段农村基层的网络基础设施建设是薄弱环节和制约瓶颈，目前农村宽带普及率不到 30%，全国还有 5 万多个行政村没有通上宽带。这也是打通"最后一公里"战略提出的原因。如何才能做到突出重点，加速打通"最后一公里"？

（一）当前我国宽带发展面临的挑战

一是城市化进程过快，城区改造时，铺好的管线、光纤要全部拆了重建，耗费巨大，过早投入很可能导致资源浪费；二是信息化服务和互联网应用的多样化，要求宽带基础设施不断升级和更新；三是资金的压力，农村地区普遍经济落后，资金支持较少；四是乡村的宽带建设难度更大，在农村大多数村民居住十分分散，铺一条宽带光纤线路可能要绕过房顶、跨过街道，甚至在地上挖出一条通道，类似的难题很多。

（二）打通"最后一公里"的对策

破解宽带进村发展不平衡、投入大、回收慢等问题，可从以下几方面着手：

---

① 国务院关于印发"宽带中国"战略及实施方案的通知（国发〔2013〕31 号）［EB/OL］.（2013 – 08 – 17）［2016 – 07 – 04］. http://www.gov.cn/zwgk/2013 – 08/17/content_ 2468348.htm.

一是宽带建设规划与城市化进程的紧密协调和匹配。为避免过早投入可能导致的资源浪费，先做好新建和稳定城区的网络光纤化建设，跟进城市正在改造的地区，采取有效手段解决即将投入改造地区的光纤覆盖。

二是紧密跟踪和研究信息化应用的最新趋势，适时适需地对网络进行改造，满足信息化服务需求。

三是面对资金的压力，通过规模采购降低单元成本，同时实施"光进铜退"，变现退出的工业铜，缓解部分资金压力。同时，积极主动地在产业链层面推动产业的标准化规模化进程，有效降低整个产业在 PON 技术上的成本，保证整体建设成本的下降。

四是制定针对性长远的扶持政策，对西部、农村的宽带网络建设给予适当补贴，实施"光进铜退"的免税政策；同时，运营商应降低成本，提高竞争力，让更多的网民用上网速快、费用低的宽带。

（三）打通"最后一公里"的技术路线

统筹接入网、城域网和骨干网建设，综合利用有线技术和无线技术，结合基于互联网协议第 6 版（IPv6）的下一代互联网规模商用部署要求，分阶段系统推进宽带网络发展。

按照高速接入、广泛覆盖、多种手段、因地制宜的思路，推进接入网建设。城市地区利用光纤到户、光纤到楼等技术进行接入网建设和改造，并结合 3G/LTE 与无线局域网技术实现宽带网络无缝覆盖。农村地区因地制宜，灵活采取有线、无线等技术进行接入网建设。

按照高速传送、综合承载、智能感知、安全可控的思路推进城域网建设。逐步推动高速传输、分组化传送和大容量路由交换技术在城域网应用，扩大城域网带宽，提高流量承载能力；推进网络智能化改造，提升城域网的多业务承载、感知和安全管控水平。

按照优化架构、提升容量、智能调度、高效可靠的思路推进骨干网建设。优化骨干网络架构，完善国际网络布局，全面推广超高速波分复用系统和集群路由器技术，提升骨干网络容量和智能调度能力，保障网络高速高效、安全可靠运行。

（四）打通"最后一公里"的时间表

国家非常重视打通网络基础设施"最后一公里"政策的贯彻落实，制定了具体的时间表，用于统领网络基础设施建设，加强对农村和基层网络基础建设的扶持（表6-1）。

至2013年年底，全面提速阶段：重点加强光纤网络和3G网络建设，提高宽带网络接入速率，改善和提升用户上网体验。

2014~2015年，推广普及阶段：重点在继续推进宽带网络提速的同时加快扩大宽带网络覆盖范围和规模，深化应用普及。

2016~2020年，优化升级阶段：重点推进宽带网络优化和技术演进升级，宽带网络服务质量、应用水平和宽带产业支撑能力达到世界先进水平。

到2020年，基本建成覆盖城乡、服务便捷、高速畅通、技术先进的宽带网络基础设施。固定宽带用户达到4亿户，家庭普及率达到70%，光纤网络覆盖城市家庭。3G/LTE用户普及率达到85%。行政村通宽带比例超过98%，并采用多种技术方式向有条件的自然村延伸。城市和农村家庭宽带接入能力分别达到50Mbit/s和12Mbit/s，50%的城市家庭用户达到100Mbit/s，经济发达城市部分家庭用户可达1Gbit/s，LTE基本覆盖城乡。互联网网民规模达到11亿人，宽带应用服务水平和应用能力大幅提升。全国有线电视网络互联互通平台覆盖有线电视网络用户比例超过95%。全面突破制约宽带产业发展的高端基础产业瓶颈，宽带技术研发达到国际先进水平，建成结构完善、具有国际竞争力的宽带产业链，形成一批世界领先的创新型企业[1]。

表6-1 "宽带中国"发展目标与发展时间表

指标	单位	2013年	2015年	2020年
1. 宽带用户规模				
固定宽带接入用户	亿户	2.1	2.7	4.0
其中：光纤到户（FTTH）用户	亿户	0.3	0.7	—
城市宽带用户	亿户	1.6	2.0	—
农村宽带用户	亿户	0.5	0.7	—
3G/LTE用户	亿户	3.3	4.5	12

---

[1] 国务院关于印发"宽带中国"战略及实施方案的通知（国发〔2013〕31号）[EB/OL]. (2013-08-17) [2016-07-04]. http://www.gov.cn/zwgk/2013-08/17/content_2468348.htm.

指标	单位	2013 年	2015 年	2020 年
2. 宽带普及水平				
固定宽带家庭普及率	%	40	50	70
其中：城市家庭普及率	%	55	65	—
农村家庭普及率	%	20	30	—
3G/LTE 用户普及率	%	25	32.5	85
3. 宽带网络能力				
城市宽带接入能力	Mbit/s	20（80%用户）	20	50
其中：发达城市	Mbit/s		100（部分城市）	1000（部分用户）
农村宽带接入能力	Mbit/s	4（85%用户）	4	12
大型企事业单位接入带宽	Mbit/s		大于100	大于1000
互联网国际出口带宽	Gbit/s	2500	6500	—
FTTH 覆盖家庭	亿个	1.3	2.0	3.0
3G/LTE 基站规模	万个	95	120	—
行政村通宽带比例	%	90	95	>98
全国有线电视网络互联互通平台覆盖有线电视网络用户比例	%	60	80	>95
4. 宽带信息应用				
网民数量	亿人	7.0	8.5	11.0
其中：农村网民	亿人	1.8	2.0	—
互联网数据量（网页总字节）	太字节	7800	15000	—
电子商务交易额	万亿元	10	18	—

三、强化管理，抓好重大工程项目建设

作为网络大国，我国网络基础设施建设缺乏系统规划，各自为政现象比较严重，系统建设不配套不协调，管理不够统一，甚至造成"信息孤岛"的现象。

所以，在贯彻实施网络强国战略的同时，必须强化基础设施建设管理，抓好重大工程项目建设。

在国务院印发的《"十二五"国家战略性新兴产业发展规划》中，首次明确提出实施"宽带中国"工程，将其列入二十大工程，要求到"十二五"末，城市和农村家庭分别实现20M和4M以上宽带接入能力。同时，要求IPv6实现规模商用，三网融合全面推广，电视数字化转换基本完成。到2015年，宽带接入能力显著提高，95%的行政村具备宽带接入能力，相关装备和智能终端达到国际先进水平，全国县级（含）以上城市有线电视实现数字化，80%实现双向化，并基本完成数字地面电视覆盖。

重点解决宽带村村通问题。因地制宜采用光纤、铜线、同轴电缆、3G/LTE、微波、卫星等多种技术手段加快宽带网络从乡镇向行政村、自然村延伸。在人口较为密集的农村地区，积极推动光纤等有线方式到村。在人口较为稀少、分散的农村地区，灵活采用各类无线技术实现宽带网络覆盖。加快研发和推广适合农民需求的低成本智能终端。加强各类涉农信息资源的深度开发，完善农村信息化业务平台和服务中心，提高网络信息综合服务水平。

（一）"宽带乡村"工程

根据农村经济发展水平和自然地理条件，灵活选择接入技术，分类分阶段推进宽带网络向行政村和有条件的自然村延伸。较发达地区在完成行政村通宽带的基础上推进光纤到行政村、宽带到自然村；欠发达地区重点解决行政村宽带覆盖。对建设成本过高的边远地区、山区和海岛等，可以采用移动、卫星等无线宽带技术解决"信息孤岛"问题；对幅员宽广、居住分散的牧区，推进无线宽带覆盖；对新规划建设的成片新农村、农牧民安居工程，积极推进光纤到楼和光纤到户建设。

（二）宽带网络优化提速工程

工程光纤城市建设。支持城市新建区域以光纤到户方式为主部署宽带网络，已建区域采用多种方式加快"光进铜退"改造，推进政府、学校、医疗卫生、科技园区、商务楼宇、宾馆酒店等单位的光纤宽带接入部署，提高接入速率。

无线宽带网络建设。支持城市地区以3G/LTE网络为主，辅以无线局域网建设无线宽带城市；持续扩大农村地区无线宽带网络的覆盖范围；加大高速公路、高速铁路的无线网络优化力度。

下一代广播电视宽带网建设。采用超高速智能光纤和同轴光缆传输技术建设下一代广播电视宽带网，通过光纤到小区、光纤到自然村、光纤到楼等方式，结合同轴电缆入户，充分利用广播电视网海量下行带宽、室内多信息点分布的优势，满足不同用户弹性接入带宽的需要，加快实现宽带网络优化提速，促进宽带普及。

互联网骨干网优化。推进网络结构扁平化，扩展骨干链路带宽，提升承载能力。优化骨干网间直联点布局，探索交换中心发展模式，加强对网间互联质量和交换中心的监测，保障骨干网间互联质量，提高互联网服务提供商的接入速度。

骨干传输网优化。适度超前建设超高速大容量光传输系统，持续提升骨干传输网络容量。适时引入和推广智能光传输网技术，提高资源调度的智能化水平。提高西部地区光缆路由密度，推进光缆网向格状网演进，提高国家干线网络安全性能。

（三）中小企业宽带应用示范工程

支持中小企业宽带上网，推动企业将互联网融入其生产经营活动。支持建设面向中小企业的第三方电子商务平台，鼓励开展在线销售、采购、客户关系管理等活动。

（四）贫困学校和特殊教育机构宽带应用示范工程

支持灵活选用不同宽带接入技术，因地制宜为农村地区（尤其是贫困地区和少数民族地区）中小学和残疾人特殊教育机构建设宽带网络设施，开发简便易用的上网终端，丰富特色应用，加大信息助教、助残和扶贫力度，缩小"数字鸿沟"。

（五）数字文化宽带应用示范工程

建设可智能适配不同宽带接入网络和终端的广播影视、文化馆、图书馆、博物馆等数字文化内容平台，提高数字文化内容平台的宽带联网和互联互通水平，结合宽带网络能力提升创新数字文化服务业态，丰富各类数字文化应用，开发数字文化应用智能终端，开展各类数字文化宽带应用示范，促进宽带网络和文化发展融合，增强文化传播能力。

（六）宽带核心设备研制产业化工程

光纤宽带接入核心设备研制与示范。突破大容量、高带宽、长距离的新一代光纤接入网关键技术，研制光接入网设备核心器件芯片，推动智能光分配网络和海量数据管理系统的成熟与产业化，开发测试平台，开展示范应用。

骨干光传输和路由交换设备研制和试点。研制下一代光网络体系架构、超高速波分复用传输和智能组网、分组光传送网、高精度时间同步、超大容量路由交换等核心设备，突破相关核心芯片和高端光电器件技术，实现产业化。完善相关国际国内标准，开展技术试验和试点应用。

宽带接入智能终端研发和产业化。面向智能手机、智能电视、智能机顶盒、平板电脑等多类型终端和数字家庭网关，组织开展自主操作系统和配套应用的规模商用。突破智能终端处理器芯片、新一代 Web、多模态人机交互、多模智能终端和多屏智能切换等关键技术。

（七）"宽带中国"地图建设工程

建立宽带发展监测体系和评价指标体系，建设覆盖全国的宽带发展测评系统，实现对网络覆盖、接入带宽、用户规模、主要网站接入速率等信息的动态监测，建立宽带发展状况报告和宽带地图发布机制。

综上所述，要强化管理，抓好重大工程项目建设，为网络基础设施建设奠定坚实基础。

四、突破瓶颈，建立高效顺畅的融资投资机制

任何一项工程建设都必须有一定的物质支持，对于网络基础设施建设这一宏大的系统工程，健全而高效顺畅的投资融资机制是十分必要的。

（一）通过"一带一路"融资投资

"一带一路"是"丝绸之路经济带"和"21世纪海上丝绸之路"的简称。

它充分依靠中国与有关国家既有的双多边机制，借助既有的、行之有效的区域合作平台，旨在借用古代丝绸之路的历史符号，高举和平发展的旗帜，积极发展与沿线国家的经济合作伙伴关系，共同打造政治互信、经济融合、文化包容的利益共同体、命运共同体和责任共同体。

资金融通是"一带一路"建设的重要支撑。深化金融合作，推进亚洲货币稳定体系、投融资体系和信用体系建设。扩大沿线国家双边本币互换、结算的范围和规模。推动亚洲债券市场的开放和发展。共同推进亚洲基础设施投资银行、金砖国家开发银行筹建，有关各方就建立上海合作组织融资机构开展磋商。加快丝路基金组建运营。深化中国–东盟银行联合体、上海合作组织银行联合体务实合作，以银团贷款、银行授信等方式开展多边金融合作。支持沿线国家政府和信用等级较高的企业及金融机构在中国境内发行人民币债券。符合条件的中国境内金融机构和企业可以在境外发行人民币债券和外币债券，鼓励在沿线国家使用所筹资金。

我国的网络基础设施建设可以充分利用"一带一路"资金融通机制，发挥丝路基金以及各国主权基金的作用，引导商业性股权投资基金和社会资金共同参与"一带一路"重点项目建设，并把网络基础设施建设纳入"一带一路"重点项目建设中，以更加便捷地融资。

（二）利用亚投行融资

2014年10月24日，包括中国、印度、新加坡等在内的21个首批意向创始成员国财长和授权代表在北京签约，共同决定成立亚洲基础设施投资银行。亚洲基础设施投资银行（Asian Infrastructure Investment Bank，AIIB，简称亚投行）是政府间性质的亚洲区域多边开发机构，重点支持基础设施建设，旨在促进亚洲区域的建设互联互通化和经济一体化进程。

作为由中国提出创建的区域性金融机构，亚洲基础设施投资银行主要业务是援助亚太地区国家的基础设施建设。在全面投入运营后，亚洲基础设施投资银行将运用一系列支持方式为亚洲各国的基础设施项目提供融资支持，包括贷款、股权投资及提供担保等，以振兴包括交通、能源、电信、农业和城市发展在内的各个行业。其中，电信领域就包括了网络基础设施建设。为了实现网络强国战略，可以利用亚投行这一专注于亚洲基础设施建设的融资平台为网络基础设施建设筹措资金、调拨资源。

（三）加大财税扶持

加大财政资金支持。完善电信普遍服务补偿机制，形成支持农村和中西部地区宽带发展的长效机制。充分利用中央各类专项资金，引导地方相关资金投向宽带网络研发和产业化，以及农村和老少边穷地区的宽带网络发展。对西部地区符合条件的国家级开发区宽带建设项目贷款予以贴息支持。

加强税收优惠扶持。将西部地区宽带网络建设和运营纳入《西部地区鼓励类产业目录》，扶持西部地区宽带发展。结合电信行业特点，在营业税改增值税的改革中制定增值税相关政策与征管制度，完善电信业增值税抵扣机制，支持宽带网络建设。

完善投融资政策。将宽带业务纳入《中西部地区外商投资优势产业目录》。推进专利等知识产权质押融资工作，加大对宽带应用服务企业的融资支持力度，积极支持符合条件的宽带应用服务企业在海内外资本市场直接融资。完善基础电信企业经营业绩考核机制，进一步优化基础电信企业经济增加值考核指标，引导宽带网络投资更多地投向西部和农村地区。

通过以上多样化的有效融资投资机制，可以为网络基础设施建设赢得更多的资金和物质支持，助力实施网络强国战略。

五、加强合作，借力共建共享国际大机制

网络基础设施的共建共享已经成为国际通用做法，可以减少基础设施的投资，削减成本，还可以减少对环境的破坏。不仅如此，我国还应加强合作，构建国际共建共享网络基础设施的大机制。

（一）构建国内网络基础设施的共建共享机制

1. 创新共建共享建设模式，发挥市场配置资源的作用

根据《工业和信息化部关于鼓励和引导民间资本进一步进入电信业的实施意见》的相关精神和要求，民间资本、多种市场主体参与电信基础设施的建设和运营是大势所趋。对共建共享来说，将会出现新的商业模式，可促进产业各方更加

积极探索实现自身价值的战略方向。当前，世界不同地区的无线运营企业已认识到新商业模式带来的好处，如保持轻资产运营，通过潜在的 IPO 创造价值，重新关注核心业务的管理，加快网络推出的速度等。对于监管者来说，新的商业模式促进竞争和用户资费下降，降低基础网络投资和无线服务的购买门槛，降低全国的无源基础设施总量，促进农村和不发达地区进行快速有效的网络部署等。党的十八届三中全会明确指出要"处理好政府和市场关系的核心问题，使市场在资源配置中起决定性作用和更好发挥政府作用"，在电信基础设施共建共享的组织形式和商业模式上进行创新。

2. 建立基站设置的技术规范，服务新技术新环境的发展

随着技术的演进，特别是 LTE 网络的引入，运营商将更多采用新型基站设备进行建设，包括小型化基站主设备、Small Cell、街道站等。这些新型的建站方式能够保证对数据业务的有效吸收，但对回传网络、无线干扰、基站放置的外部环境要求较高，从数量上看其建设规模将超过传统基站。因此，需要适时开展移动通信基站建设新模式管理对策研究，着重探讨新型建站方式与共建共享的相互需求，并就相关技术指标进行界定，对居民小区和街道站的天线设置要求（如高度、天线设置形态、天线口发射功率、天线设置场景等）进行统一规范。

3. 完善共建共享的管理体系，做好共建共享的监督检查

电信基础设施共建共享也需要遵循市场经济规律，政府部门的职责则是在目前市场体系仍不健全情况下的规则制定，减少过程干预，同时对规则执行情况进行监管落实。近年来，电信基础设施共建共享取得了明显的成效，但在具体实施中也确实存在落实不到位的情况。这一方面由于技术原因，但同时也反映了目前规则以及监管仍存在一定问题。根据当前"轻审批、重监管"的职能转变要求，通过管理支撑手段的提升达到监管目的是一个很好的解决办法，具体对于基础设施的共建共享来说，通过完善"站址资源数据库"建设，基于数据库中各个基站的平台数量、系统数量及地理位置信息，实现对共建共享执行情况的监督。要做到有效监督，前提是保证数据库信息的准确和及时更新①。

---

① 宋连波，潘峰. 我国通信行业共建共享的回顾与展望［J］. 现代电信科技，2014（z1）：13.

（二）构建国际网络基础设施的共建共享机制

1. 基本准则

习近平总书记明确提出推进全球互联网治理体系变革的"四项原则"和"五点主张"，形成了构建网络命运共同体的顶层设计。"四项原则"包括：一是尊重网络主权。这一原则要求所有国家尤其是西方发达国家不能搞网络霸权，不干涉他国内政，不从事、纵容或支持危害他国国家安全的网络活动。二是维护和平安全。这一原则要求网络空间不能成为各国角力的战场，更不能成为违法犯罪的温床。三是促进开放合作。这一原则要求各国推进互联网领域开放合作，丰富开放内涵、提高开放水平，推动彼此在网络空间优势互补、共同发展。四是构建良好秩序。这一原则要求坚持依法治网、依法办网、依法上网，让互联网在法治轨道上健康运行。"五点主张"是指加快全球网络基础设施建设，促进互联互通；打造网上文化交流共享平台，促进交流互鉴；推动网络经济创新，促进共同繁荣；保障网络安全，促进有序发展；构建互联网治理体系，促进公平正义。

"四项原则"和"五点主张"可以作为构建国际网络基础设施共建共享机制的基本准则。

2. 利用"一带一路"战略，扩展与沿线国家的国际合作

在网络基础设施建设中，依靠"一带一路"战略和亚投行的融资机制，共同投资建设，并运用互联互通的共同标准。中央网信办主任鲁炜撰文指出，中国将进一步加强与"一带一路"沿线国家的网络合作，率先打通"一带一路"的"血脉经络"；依托亚洲基础设施投资银行、中国互联网投资基金、中国互联网发展基金会等，深化与发展中国家的务实合作，大力推进互联网基础设施建设，消除"信息壁垒"，缩小"数字鸿沟"，让信息资源充分涌流，让更多发展中国家和人民通过互联网掌握信息、获取知识、创造财富，过上更加幸福美好的生活。

"一带一路"官方文件《愿景与行动》中明确提出，要建设"信息丝绸之路"，包括跨境光缆通信干线网络建设、双边跨境光缆建设等。为此，加强网络空间的国际合作越来越重要，这不仅符合我国建设"网络强国"的发展所期，

而且符合"一带一路"沿线国家的发展需要。"一带一路"沿线国家，如中亚腹地诸国，在网络建设方面相对落后。以"共商、共建、共享"为原则，加强同这些国家的务实合作，包括网络基础设施建设、技术开发（包括开发新型电商模式）与能力建设等合作，既可以提升"一带一路"沿线国家信息化水平，又便于信息沟通、数字共赢，还有利于增强政治互信，服务于实现"一带一路"倡导的"五通"目标①。

3. 加强网络技术合作

作为网络空间国际合作的核心，应秉持循序渐进、逐步深化的原则，遵循网络基础设施建设、网络技术研发和标准制定以及网络安全共建的"三位一体"发展模式与路径，但是原则上在不同阶段侧重点应有所不同。网络基础设施建设关乎网络空间的承载能力，是网络合作的保障，也是开展其他合作的基础。就网络技术研发与标准制定而言，目前我国同"一带一路"沿线各国具有重要的合作机遇，一方面是给予网络欠发达国家基本的技术支持与帮助，另一方面应在科技部、工信部等部门的推动下，开展同欧洲等发达国家在网络新兴技术方面的合作，诸如5G标准的统一划定，云计算（大数据）的研发，智慧城市、智能生活的合作，物联网的贯通等。中国在5G技术方面具有先发优势，正与欧洲合作引领5G时代的来临。中国的华为、中兴公司，欧洲的西门子、诺基亚公司是5G技术的弄潮儿。5G技术也是欧盟单一数字市场的支柱，关系到未来工业发展、公共服务现代化以及汽车联网、智慧城市、移动医疗服务等创新应用。据估计，到2020年，全球70%的人口将拥有智能手机，260亿台设备将实现相互联通②。

4. 全方位的网络共享机制

中国离不开世界，世界离不开中国，网络是属于全世界、全人类的，理应在全世界共享。一方面，我国要与其他国家共同制定网络标准和规则，互相尊重网络主权，建立谈判磋商机制；另一方面，加强网络基础资源国际合作。探索建立适应互联网域名、网址和网际协议地址（IP地址）资源全球化发展要求的地区和国家间的协调与合作机制，加强无线频谱、卫星轨道等资源分配使用的国际协

---

①② 王义桅，郑栋. 加强"一带一路"网络空间国际合作 [J]. 中国信息安全，2016（03）：48 – 49.

作。借鉴国外先进经验，推动开展资源技术联合研究，提高资源利用效率。加强互联网骨干网的国际互联合作，进一步提升我国互联网骨干网企业的国际地位。

当今人类社会已经进入信息时代，在互联网的发展推动政治经济繁荣的同时，网络空间也日益成为人类重要的活动平台，甚至逐步成为影响国家安全的"第五域"，各国对网络空间的建设都极为重视。我国在网络基础设施建设上还有很长的路要走，采取的战略对策也会随着客观条件的变化而变化，扭住"网络强国"战略，加强网络基础设施建设是基础。

第七章 网络基础设施建设的发展趋势

面对汹涌而来的信息化浪潮，党的十八大报告明确提出"建设下一代信息基础设施"，表明党中央从国家层面确立了下一代信息基础设施的战略地位，建设安全、泛在、融合的下一代信息基础设施刻不容缓。

工业和信息化部部长苗圩指出，当前信息通信技术发展日新月异，综合信息网络向宽带、融合、泛在方向加速演进，新一代信息技术产业正在催生新的经济增长点，并不断推动全球资源配置优化和发展模式创新。我们将深入落实科学发展观，坚持走中国特色新型工业化道路，大力推进信息化和工业化融合，加快构建宽带、泛在、融合的国家信息基础设施，大力推进技术业务创新与行业转型，进一步加强信息通信技术推广应用，促进信息通信业又好又快发展，有效满足经济社会需求，助力经济平稳较快增长和产业转型升级，造福广大人民群众①。

一、 走向新一代高标准的网络基础设施

伴随国家在基础设施方面的巨大投入，特别是3G、4G建设的全面铺开，截至2015年6月我国互联网网民达6.68亿人，手机网民达5.94亿人；"十二五"期间，中国网络购物用户规模达到3.61亿人，网购在网民中的渗透率达到55.7%；网络零售交易额规模达到27898亿元，同比增长2.6倍，成为全球最大的网络零售市场。不管是网络规模、网民数量、手机用户数量、手机网民数量，

---

① 苗圩. 加快推进宽带泛在融合的国家信息基础设施［EB/OL］. （2011 - 09 - 26）［2016 - 07 - 10］. http：//labs. chinamobile. com/news/idc/58823.

还是互联网交易额等，我国均全球排名第一。种种数据显示我国已经成为网络大国，但是我们在自主创新方面还相对落后，区域和城乡差异比较明显，特别是人均带宽与国际先进水平差距较大，国内互联网发展瓶颈仍然较为突出。

2014年2月，习近平总书记在中央网络安全和信息化领导小组第一次会议上强调："网络安全和信息化是事关国家安全和国家发展、事关广大人民群众工作生活的重大战略问题，要从国际国内大势出发，总体布局，统筹各方，创新发展，努力把我国建设成为网络强国。"习近平总书记将"网络强国"上升到国家战略的层面，同时指出建设网络强国的战略部署要与"两个一百年"奋斗目标同步推进，向着网络基础设施基本普及、自主创新能力增强、信息经济全面发展、网络安全保障有力的目标不断前进。十八届五中全会将"网络强国"纳入国家"十三五"规划，互联网经济将会更受瞩目，也会更具活力。在国家政策的推动下，互联网的飞速发展已成为国民经济发展的重要驱动力，"网络强国"战略的提出可谓恰逢其时，但未来仍要克服种种困难，抓机遇，迎挑战。中国工程院院士、中国互联网协会主席胡启恒表示，要由互联网大国变成互联网强国，核心就是要在互联网技术与标准上取得突破。

（一）新一代互联网的兴起

目前的互联网是在1986年美国科学基金会NSF开始建设的第一个大规模采用TCP/IP技术的互联网主干网NSFnet的基础上逐步发展起来的。传输控制协议/因特网互联协议（Transmission Control Protocol/Internet Protocol，TCP/IP）又称网络通讯协议，是Internet最基本的协议、Internet国际互联网络的基础，由网络层的IP协议和传输层的TCP协议组成。TCP/IP定义了电子设备连入因特网以及数据在它们之间传输的标准。协议采用了4层的层级结构，每一层都呼叫它的下一层所提供的协议来完成自己的需求。通俗而言，TCP负责发现传输的问题，一有问题就发出信号，要求重新传输，直到所有数据安全、正确地传输到目的地。而IP是给每一台联网设备规定一个地址，目前使用的是互联网协议第4版，简称IPv4。

IP协议是互联网的核心协议。现在使用的IP协议是在20世纪70年代末期设计的，无论从计算机本身发展还是从互联网规模和网络传输速率来看，IPv4已经不能满足人们的需求，最主要的问题就是32位的IP地址不够用。2011年2月

3 日，IANA 宣布将其最后的 468 万个 IPv4 地址全部分到 5 个地区的互联网信息中心，从而结束了 IPv4 地址分配工作。亚洲地区 APNIC 的地址分配也已经在 2011 年 5 月底基本结束。

要解决 IP 地址耗尽的问题，可以采用以下三种措施：第一，采用无分类编址－无分类域间路由选择（Classless Inter－Domain Routing，CIDR），使用变长子网掩码，使 IP 地址的分配更加合理；第二，采用网络地址转换（Network Address Translation，NAT）方法，利用端口号映射域间主机，使得同一网络的计算机可以使用极少的甚至是一个 IP 地址同互联网中的其他主机进行通信，从而节省许多 IP 地址；第三，采用具有更大地址空间的新版本 IP 协议，即 IPv6。

由于使用 CIDR 需要全网路由设备的支持，仅提高了现有 IP 的利用率，并没有从根本上解决 IP 地址枯竭的问题，该技术在应用上并不广泛。IPv6 在技术上还不成熟，将现有互联网平滑过渡到 IPv6 还需要进一步的实验探索。而 NAT 技术实现简单，是对 IPv4 协议的补充；硬件升级成本不高，只需要局域网中的路由设备支持 NAT 映射即可；对于网络使用者而言，只需要申请少量 IP 地址就可供全网计算机使用，大量节省了费用，因此 NAT 技术得到了广泛的应用。

但是使用大量私有地址访问互联网也造成一些问题。第一，大规模采用私有 IPv4 地址导致的网络复杂性更加不利于国家安全管控，也不利于互联网的地址溯源和扩展性。目前互联网面临更大的管控盲区，为了安全管控而推迟 IPv6 则导致更加严重的安全管控问题，这是始料未及的。第二，引入的协议翻译设备不仅增加了网络复杂性和成本，而且容易形成网络的单点故障和性能瓶颈，影响业务的稳定性。第三，私有地址的引入尽管不影响基本业务，但是实时业务和多连接任务穿越 NAT 会受影响，会导致 P2P、网络电话、视频通信、即时通信、网络视频点播、云计算等需要透明性的实时互联网新业务的使用或性能受到影响，NAT 背后的用户难以直接通信，不利于这些新业务的发展（最明显的是 P2P 种子少了）。对于社交社区、电子地图、搜索引擎等多连接应用尽管基本可用，但是由于 1：N 对话数受限，会影响应用，访问速度也变慢。第四，由于全球向 IPv6 的过渡是不可阻挡的趋势，作为网络大国的我国网络设备多而分到的 IPv4 地址少，将成为唯一可能大规模采用私有地址的"孤岛"国家，不但私有地址规划难度大，而且必然面临几年后网络二次改造的代价。因此，我国更有必要加快推动 IPv6 技术的发展与应用，在新一代网络规划和建设中占领先机，掌握话语权，使

IPv6 地址和新一代 DNS 域名的分配与我国网络发展的现状相匹配。

为了更快地发展下一代互联网，在发展中掌握话语权，世界发达国家下一代互联网研究计划的重要内容之一就是建设大规模的下一代互联网试验网。目前，世界上著名的下一代互联网组织及其试验网主要包括：① 美国学术网 Internet 2 及其主干网。成员包括美国 300 多所大学和科研机构、公司和国际学术网合作伙伴，主干网速率高达 100Gbit/s，采用 IPv4 和 IPv6 双栈协议，可支持高速的下一代互联网技术和应用。② 第二代欧盟学术网的主干网 GANT2。它是面向下一代互联网研究的第二代泛欧洲学术主干网，已连接 34 个欧洲国家的学术网，进而连接了欧洲 3500 多所主要大学和科研机构，主干网速率为 10Gbit/s；采用 IPv4/IPv6 双栈技术，为欧洲各领域的前沿学术研究提供了先进的网络基础设施。③ 亚太地区先进网络 APAN 及其主干网。它由亚太地区各国学术网共同合作，旨在规划、建设和运行连接亚太地区各国学术网，并推动亚太地区下一代互联网技术和应用的学术研究，以及与世界其他地区下一代互联网试验网及其应用研究广泛合作；已有 39 个成员，日本、韩国、中国、澳大利亚和新加坡等国家在 APAN 中发挥了重要作用。④ 跨欧亚高速网络 TEIN2 及其主干网。它是在欧盟第六框架计划下为促进亚欧学术网络之间的高速互联而启动的国际合作项目。主干网 2005 年 12 月开通，其核心节点包括北京、中国香港和新加坡，北京和新加坡分别与欧洲的哥本哈根和法兰克福实现了高速互联，东京与北美实现了 10G 的互联；采用 IPv4 和 IPv6 双栈技术，提高了欧亚间和亚洲各国之间学术互联网的信息传递速度，促进了这些国家之间的科技合作，已成为亚太地区唯一统一运行和管理的下一代互联网主干网。另外，中国的 CNGI 及其主干网、日本第二代学术网 SU-PERSINET 和加拿大新一代学术网 CA*net4 等也是国际下一代互联网试验网的重要组成之一。经过十年的发展，各国学术网已实现了高速互联，形成了国际 IPv6 下一代互联网大规模试验网的主体。

在中国，第一代互联网 IPv4 只能跟踪模仿，在这个技术层面我国落后了 30 年。美国 1969 年踏入该领域，我国则直到 1994 年才完成第一个全国性试验网络的建设。美国依靠对 IPv4 技术的独断垄断了从光纤、元器件、路由器到操作系统等一系列产品领域，甚至全世界的网络都要向美国支付带宽费用，几十年如是。美国得到了全球 70% 的地址资源，"美国一个大学拥有的 IP 地址几乎就与中国拥有的 IP 地址相当"。毫无疑问，IPv6 的出现正在为中国提供一个掌握核心技术的机会。1996 年，美国政府出台 NGI 计划；1998 年，中国开始了 IPv6 研究工作，1999 年已经可以分配 IPv6 地址，步调相差不到 3 年。1998 年 4 月，我国建立了第一个 IPv6 试验网 CERNET – IPv6，CERNET 采用隧道技术（IPv6 over IPv4），组建了我国第一个在国际 6Bone 组织正式注册的、连接国内八大城市的 IPv6 试验床 CERNET – IPv6。通过 6Bone 评议，获得中国第一批 IPv6 地址，建成中国第一个 6Bone 主干节点。2009 年 9 月在清华大学建成中国第一个下一代互联网交换中心 DRAGONTAP，首次实现了与国际下一代互联网络 APAN 的互联。2001 年 3 月，首次实现了与国际下一代互联网 Internet 2 的互联。2002 年 1 月，国家启动“下一代互联网中日 IPv6 合作项目”，拟建立连接北京、上海、广州的中日 IPv6 试验网 IPv6 – CJ，研究基于 IPv6 的网络管理等网络关键技术，研究基于 IPv6 的路由器等网络系统关键技术，开发基于 IPv6 的重大应用，制定和形成关于 IPv6 的相关标准。

2003 年 8 月，国务院批复同意发改委等八部委（包括科技部、信息产业部、国务院信息化工作办公室、教育部、中国科学院、中国工程院、国家自然基金会）《关于推动我国下一代互联网发展有关工作的请示》，正式启动“中国下一代互联网示范工程”。该示范工程是实施我国下一代互联网发展战略的起步工程，由上述八部委联合领导。2002 年，57 位院士上书国务院，呼吁建设我国第二代互联网的学术性高速主干网，满足全国科学研究的需要。为此，政府牵头要求五大运营商参与 IPv6 网络建设，并由八部委出面投资 14 亿元支持网络建设、核心技术研究、应用示范及推广等。国内很多企业也都积极加入到该项目建设和技术研发中，一些研究机构已掌握了大量 IPv6 的技术和专利。

这种战略布局首先出于国家安全的需要。从某种程度上而言，国家安全取决于国家科研和技术创新的实力。从无线局域网国家标准到 Linux 系统再到现在的 IPv6，都体现了我国对技术自主和创新的重视程度。其次是商业利益的考虑。显然，在 NGI 方面的脚步领先，以及随之的技术领先，可以为企业和产业赢得全国甚至世界范围内的巨大商业利益。例如 CERNET2 第一次招标中，华为和清华获得了 25 个节点中的 20 个，中标率为 80%。需要引起注意的是，不管华为、中兴等国内厂商在竞标中夺得了多少市场份额，中国公司还基本停留在“通过软件解决方案，让现有设备支持 IPv6 协议”的技术开发阶段，在 IPv6 核心路由器等高端产品方面的投入还远远不够，对相关业务模式的研究还没有起步。

（二）新一代网际协议

IPv6 在 IPv4 的基础上改进，形成新一代网络协议（表 7 – 1）。

IPv6 协议主要有以下几个特征：

第一，无限地址空间。相比 IPv4，IPv6 具有 128 位地址长度，构成了一个巨大的地址空间。在未来很长一段时间内，IPv6 将为网络设备提供一种理想的地址。报文目的地址可分为 Unicast 单播、Multicast 组播、Anycast 任播三种类型。数据报为一组目的站的计算机通过硬件设备提供一个成员，这样大的地址空间解决了 IPv4 地址不足的问题。

第二，安全性提高。IPv6 利用数据报头的扩展部分提供了一种路由器级别的安全性。IPv6 的安全性主要体现在两方面：① 接收 IPv6 数据包的接受者可以要求发送者使用 IPv6 认证头进行"登录"操作，这种算法独立的登录可以确保数据包接收的安全性，减少了网络攻击的危险。② 使用 IPv6 的封闭安全头对数据包进行加密，同上述方法类似，这种加密的算法也是独立的，不必担心一些敏感数据被第三方窃取。

第三，高性能和高服务质量。通过对 Payload Length 的加长促使 IPv6 的数据包超过 64K 字节，应用程序就可以对数据进行更加可靠的传输。IPv6 数据包中包含 8 位业务流类别和 20 位流标签（Flow Label）。业务级别分类的字段可以用来判断通信流的优先级，而流标签字段的作用在于使路由器对属于一个流的数据包实现识别和特殊处理。这种数据包格式使得路由器与源节点可以更加迅速地解决实时业务，还有效支持了 IPv6 的视频、语音等高实时需求。

第四，移动便捷。移动 IPv6 为新服务和新功能提供了较大的灵活性。IPv6 为每个移动设备设置了一个与接入互联网位置无关的固定的"家乡"地址，当设备在"家乡"之外的地址使用时可以利用转交地址提供动节点，这样就可以获取位置信息。移动 IPv6 确保了用户漫游到外地时还能保证发送的移动客户分组不会丢失，而且应用层与传输层在移动时不会产生中断，确保了通信的连续性。

第五，可扩展性。可扩展性的实现主要是通过在 IPv6 协议后面增添扩展协议，根据不同的需求增加不同的扩展报头种类，根据需求顺序、合理地对扩展报头进行排序，这样就可以便捷地实现功能的扩展。

表 7 – 1 IPv4 与 IPv6 的对比

序号	内容	IPv4	IPv6
1	地址长度	32 位（4 字节）	128 位（16 字节）
2	支持 IP 安全	可选	要求有
3	支持 QoS	没有	有流标签域（Flow Label Field）
4	分片	由路由器与发送主机完成	只由发送主机完成
5	分组头奇偶校验	有	没有
6	可选项信息	在分组头	不在分组头而放在扩展头
7	地址分解协议（ARP）	地址解析协议（ARP）使用广播 ARP 请求帧来完成将 IPv4 地址解析到链路层地址	由组播的邻居请求消息代替 ARP 请求帧
8	互联网组管理协议（IGMP）	使用互联网组管理协议（IGMP）管理本地子网组成员	IGMP 协议由组播的侦听发现（MLD）消息代替
9	互联网控制信息协议（ICMP）	ICMP 路由器发现协议是用来确定最佳缺省网关的 IPv4 地址，是可选项	ICMP 路由发现由 ICMPv6 路由器请求与公告信息代替，是必选项
10	广播地址	广播地址被用来发送业务信息到一个子网的所有节点	没有 IPv6 广播地址，代替它的是使用本地链路到所有节点的多播 IPv6 地址
11	配置	必须通过手动或通过 DHCP 配置	不需要使用手动或通过 DHCP 配置
12	域名系统	在域名系统（DNS）中使用主机地址（A）资源记录映射主机名到 IPv4 地址	在域名系统（DNS）中使用主机地址（AAAA）资源记录映射主机名到 IPv6 地址
13	分组长度	必须支持 576 – byte 的分组长度（可以分段）	必须支持 1280 – byte 的分组长度（不能分段）

二、走向新一代高技术的网络基础设施

新一代电信骨干网已经实现全光纤化，目前主干网的接入方式主要有 xDSL 技术、光纤同轴混合网和 FTTx 技术等。xDSL 技术就是用数字技术对现有的模拟电话用户线进行改造，使它能够承载宽带业务。xDSL 最大的好处是利用现有电话网中的用户线，不需要重新布线，但是速度慢，尤其是上行速度慢。光纤同轴

混合网是利用目前的有限电视网开发的一种居民接入网。这种方法最大的优点是有线电视网具有很宽的频带，并且能够利用已经有相当大覆盖面的有限电视网。FTTx 是一种光纤到户的方式，这种接入方式速度最快，但是需要重新布线。此外还有一些新的技术支持接入主干网，如电力线通信、可见光通信等。

（一）基于电力线的通信网络

电力线通信（Power Line Communication，PLC）全称为电力线载波通信（Power Line Carrier，PLC），又称为电力线上网，是指利用高压（在电力载波领域通常指 35kV 及以上电压等级）电力线、中压（指 10kV 电压等级）电力线或低压配电线（380/220V 用户线）作为信息传输媒介进行语音或数据传输的一种特殊通信方式。其主要原理为：在发送时，利用调制技术对用户数据进行调制，把载有信息的高频加载于电流，然后在电力线上传输；在接收端，先经过滤波器将调制信号取出，再经过解调就可得到原通信信号，并传送到计算机或电话，以实现信息传递。

电力线通信技术出现于 20 世纪 20 年代初期，最早应用于电力线电话，在同一个变压器的供电线路内将电信号从电力线上过滤下来。1991 年美国电子工业协会确认了三种家庭总线，电力线是其中一种。1997 年 10 月，Northern Telecom 公司宣布进行数字电线技术的开发，这项技术将使电力公司能够在电力线上以 1Mbit/s 的速率传送数据和语音。后来西门子的 PLC 技术将电力线总线的家庭扩大到小区的电信接入网端口，而且能以 1Mbit/s 的速率传输数据。2000 年，Cisico、Intel、HP、Sharp 等 13 家公司宣布成立"家庭插电联盟"（HomePlug Powerline Alliance，HPA），目标为构建 PLC 通信标准。此后 HPA 发布了首个标准——Home – Plug 1.0。2001 年 5 月 7 日 HPA 完成了 6 个月的电力线通信测试，在北美两国成功进行了几百户的家庭互联和上万次两线路的传输测试。

在欧洲，1990 年英国的诺维普通讯公司着手 PLC 的研究，8 年后该公司顺利完成了利用电力线进行因特网接入的测试。2001 年，在德国汉诺威信息技术展览会上，德国电力工业巨头 RWE 电力公司推出了名为电力网的新技术，这种新的传输技术能通过电源线路传输各种互联网数据信号，速率可达到每秒 2M 的宽带标准。同年 7 月 1 日德国开始电力线通信的工业批量生产。

在中国，20 世纪 40 年代已有日本生产的载波机在东北地区运行，作为长距离调度的通信手段。从 1999 年起，中国电力科学研究院开始对高速 PLC 进行研究，并于 2001 年 8 月在沈阳建立了第一个实验网络。从 2001 年 12 月起，国家电网电力通信中心（简称国电通）开始组织包括韩国 Xeline 公司（14Mbit/s 系统）、瑞士 ASCOM 公司（4.5Mbit/s 系统）、美国 Leap 公司（14Mbit/s 系统）、西班牙 DS2 公司、福建电力试验研究院（10Mbit/s 系统）以及电科院（14Mbit/s 系统）等国内外厂商和科研机构在北京的居民区开展 PLC 应用试验。2002 年，国电通在沈阳建立了我国第一个 PLC 接入试验社区，完成了接入网、电视选播、智能社区等项目。福建省电力试验研究院研制成功"数字化输电线路技术"的核心产品——电力调制解调器及多个相关产品，其传输速率达到 10Mbit/s。2007 年，国电通建立了又一个电力线通信网，在北京某社区的 1 号楼和 2 号楼连接成功，平均传输速率在 5Mbit/s 以上，这个项目所使用的系统完全是我国自行研发的，在我国尚属首次。国家电网公司于 2009 年开始进行智能电网建设，并指出：采用宽带电力线通信技术的智能电表是电力线通信技术参与智能电网建设的重要途径，宽带电力线通信是智能电网的重要组成部分。2010 年 7 月 16 日，福建省电力科学研究院向外界演示了利用自行研发的 200M 宽带电力线调制解调器集互联网、电视、电话及电力传输于一体的"四网合一"宽带电力线通信新技术。福建省电力科学研究院的产品生产专业公司——福建亿力网络公司为巴西 Parana 州和 Curitiba 州的居民小区提供电力线宽带组网产品和技术服务。同年 6 月，该公司还开展了马来西亚以及其他国家的 100 万户居民小区宽带电力线上网业务，第一期电力线宽带组网工程已经在当地试点小区开展。我国 TP－LINK（普联）公司于 2010 年 10 月 13 日联合 Atheros 公司在北京举行了电力线通信产品发布会。其推出的型号为 TL－PWA2701N 的电力线 AP（Access Point，无线接入点）兼具电力线通信与无线 AP 功能，拥有 200Mbit/s 电力线传输速率和 150Mbit/s 无线传输速率，支持硬件快速安全设置（Quick Safe Setup，QSS），可分别用于快速建立安全的无线连接和电力线连接；型号为 TL－PA501 的电力线适配器插入插座即可接入网络，传输速率为 500Mbit/s，同一电表范围内传输距离可达 300 米以上，支持 Homeplug AV 标准。型号为 TL－PWR2840N 的电力线无线路由器拥有 200Mbit/s 的电力线传输速率和 300Mbit/s 的无线传输速率。

从广义上来讲，电力线上网从层次上可分为中压配电网、低压配电网和家庭内部网络。家庭内部网络是指通过电力线组建高速局域网；低压配电网是指从中压变电站到用户电表的一点对多点通信，解决"最后一公里"问题；中压配电网主要指从中压变电站到所在地的主要变电站，降低运营商铺设网络的成本。

目前 PLC 技术已经形成两种发展模式。其一为以美国为代表的家庭联网模式，即家庭内部网络，是指通过家庭内部的普通电力线进行组网，连接家庭内部局域网，户外访问使用其他传统的通信方式。这种模式充分利用室内的电力线，节约了资源，无需任何布线、穿墙打洞，避免了对建筑和房屋结构的破坏，也节省了人力，能够将整个家庭的电器与网络联为一体，在室内设备之间构筑起可自由交换信息的局域网，使人们能够通过网络控制家里的电器设备，为家庭智能化网络打下基础。另一种模式是面向欧洲和亚太市场的，提供自配电变压器或楼边至用户家庭的全面 PLC 解决方案，即低压配电网，国内现在发展的也主要是这种模式。这种模式利用大量现成的电力线网络，以较低的价格为用户提供宽带服务，同时无需布线，能有效避免对建筑物及其他设施的损坏，节省人力和成本；即插即用，在同一电力回路下，无需设置，只需将两只或两只以上的200M电力"猫"插在电源插座上，即可享受各种宽带网络服务；传输稳定，不受障碍物或电磁波影响，数据包的丢失与延迟误差均极小。这种模式是现有小区网络改造，打通互联网"最后一公里"的较好选择。

目前，由于电力公司不具备网络提供商的资格，各个网络运营商在"宽带中国"行动推广中普遍采用 ADSL、光纤、无线网络等多种宽带接入业务，电力线通信失去了进入宽带市场的最佳时机。但是在网络不发达的中西部地区、边远地区，特别是部分山区，电力线上网具有一定的优势，可以利用现有的大规模电力网提供廉价的网络接入方式。

尽管在中、低压配电网上电力线通信优势已经不是很明显，但是 PLC 是家居自动化的主力军，通过遍布各个房间的插座将智能家电联网，通过与控制技术结合，实现远程、集中的管理控制，尽享智能家庭的舒适和便利。

（二）可见光通信

可见光通信技术（Visible Light Communication，VLC）是指利用可见波段的光作为信息载体，无需光纤等有线信道的传输介质，在空气中直接传输光信号的通信方式。可见光通信是近十年来迅速发展的一种新型无线通信方式，通过在公共基础照明设施上增加数据传输辅助功能，将通信与室内照明光源相结合，就可以实现信息从服务器到达客户端的无线传输。

可见光通信并非最近几年才出现的新兴概念，其历史可以追溯到电话刚刚诞生的年代。1876 年 3 月 10 日，贝尔与他的同事因试验了世界上第一台电话机而被世人所熟知，但其实贝尔还有另一项伟大的发明，就是光线电话（Photo Phone）。贝尔的光电话将太阳或弧光灯发出的光束通过透镜聚焦于话筒的振动片上，当人对着话筒讲话时，振动片随着声音的强弱振动，从而使反射光的强度也随着声音的强弱发生变化；在接收端，抛物面反射镜将携带有声音信息的光汇聚到硒光电池上，硒光电池将光强度变化转化成强弱变化的电流信号，驱动听筒发出声音。这是人类第一次实现无线电话，利用的正是可见光通信。只是当时电话尚未普及，光线电话被认为实现难度大、实用价值不高等，因而没能得到实际推广。

2000 年，日本庆应大学和 SONY 研究所提出以 LED 照明灯作为通信的基站，在室内进行信息无线传输的构想。这是可见光通信最早兴起之时，但是限于当时调制带宽有限，可见光通信的传输速率仅有几十 KB 每秒。2002 年，Tanaka 与 Komine 等人正式提出电力线的载波通信与 LED 可见光通信融合的数据传输系统。2003 年，经中川倡导建立可见光通信联合体，NEC、SONY 等研究单位及企业共同参与。在 2008 年东京国际电子展上，太阳诱电株式会社首次展出 LED 光通信产品的样机。2009 年，美国加州大学和国家实验室共建 UCLight，任务是开发基于 LED 照明高速通信与定位的系统。2010 年，德国弗劳恩霍夫研究所团队将可见光通信速率提高至 513Mbit/s，创造了世界纪录。2011 年，爱丁堡大学哈斯演示带有信号处理技术的 LED 灯把高清视频传输给了计算机，并将可见光通信称为 LiFi。2013 年，他的团队展示了首台产品，演示直播伦敦市长的讲话。同年，英国众多高校的科研人员把可见光通信的速率刷新到 10Gbit/s。

在我国，2006 年北京大学提出基于广角镜头的超宽视角可见光信号接收方案，并在可见光通信和无源光网络（PON）融合接入中的物理层、链路层以及传输层等方面进行探索。2008 年，暨南大学研制出国内首台白光 LED 光通信样机，传输距离在 2.5m 以上。2011 年，国家"863"计划部署了可见光通信技术的研究，经过两年的科技攻关，在调制带宽拓展、实时传输速率和融合网络架构等方面取得重要的研究成果。2012 年，解放军信息工程大学成功研发了可见光通信相关技术的点播电视业务、近场通信和新型无线广播，在矿下可应用此技术进行通信和定位。2013 年，复旦大学研发出 3.75Gbit/s 的离线数据传输速率，创造了世界纪录，成功实现了实时速率达到 150Mbit/s 的可见光传输系统。2015 年 12 月，经中国工信部测试认证，中国可见光通信系统关键技术研究又获得重大突破，实时通信速率提高至 50Gbit/s，再次展现了我国在可见光领域的研究实力。2014 年 8 月，由解放军信息工程大学和中国产学研投融资联盟等单位牵头的"中国可见光通信产业技术创新与应用联盟"在广州成立。随后，广东省政府出台了《关于全面深化科技体制改革　加快创新驱动发展的决定》，支持可见光通信等重点领域关键技术的研究及创新应用，并提出实施重大科技专项，将加快突破可见光通信关键核心技术的瓶颈，抢占高新技术和战略性新兴产业技术的制高点。

典型的可见光通信系统主要包括信道编码器/译码器、数字调制器/解调器、驱动电路、调理电路、可见光光源和光敏元件。可见光光源和光敏元件是室内可见光通信系统的基本器件，其中可见光光源结合驱动电路可以将电信号转换成光信号，实现基本照明功能，并发射出携带调制信息的可见光；光敏元件则捕捉可见光信号，将其转换成能被后级调理电路处理的光电流。数字调制器/解调器则是可见光通信系统中完成通信功能的关键部分，其中调制器对可见光光源所发出光的某种特性（如光照强度）进行控制，将原始信息通过光信号进行传输，解调器则从接收的信号中恢复出所携带的信息。信道编码器/译码器是室内可见光通信系统链路可靠性和有效性的保障，用来纠正信道传输过程中出现的随机错误和突发错误，实现信息的正确传输。在发射端，信号输入到信道编码器以后，按照码元映射规则编码，编码后得到的信号序列由数字调制器进行调制，输出连续的调制波形，经驱动电路直接驱动可见光光源发光。在接收端，光敏元件将接收的光信号转换成与入射能量成比例的光电流，该光电流经过调理电路调理成适合数字解调器电路的信号输入到数字解调器中，经过数字解调器解调和信道译码器译码，最终恢复出信息（图 7-1）。

室内可见光通信系统具有以下一些优点：将照明功能和通信功能二合一，绿色环保；不占用无线频谱资源，不需要频谱许可；易于实现遮挡，具有一定的安全性和保密性；通信带宽高；无电磁干扰，可应用在对电磁干扰有严格控制的环境下，如医院、航空器等；无电磁辐射，对人体无损害。

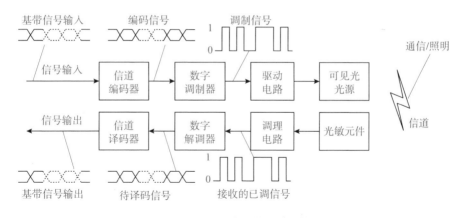

图 7-1 可见光通信系统结构

由于可见光通信系统具有诸多好处，未来具有非常广阔的应用前景。LED灯在照明的同时实现光传输通信，在室内可实现手持终端间点对点的通信。其发散角小，能有效降低传输的损耗，实现高速通信。智能家居系统的控制器把指令传达到LED灯，再用可见光传到光照范围之内的终端，控制器传达的资讯既可在终端上显示，又可使终端做相应动作，实现网络通过光传输远程操作的功能。LED信号灯在航海及地面交通等领域应用极为广泛，把无线通信与信号灯相结合可使交通管理更加安全可靠。车辆上应用前后LED灯进行信息交换，当前面车辆突然刹车时，后车会收到前车的刹车灯信息而自行减速，防止事故发生。道路上的LED信号灯也可与车灯进行交互，实现智能交通管制。再如商店招牌灯内置了相应芯片，人们通过手机扫描招牌灯光便能识别出商店的地址、商品及优惠等信息，实现代替二维码的"光码"应用。传统卫星定位系统较难对室内移动的用户进行精确定位。可见光通信可将用户位置信息利用照明设施进行传输，进而完成精准的室内定位，用于超市导购和停车场导航等。另外，在航空、航海和医疗等领域，因对射频电磁辐射有严格限制，可以发挥可见光通信的无电磁辐射优势。在飞机上打开照明灯就可高速地接入网络，利用光介质传输与电磁波完全不会交叉，从而杜绝信号干扰。矿井内工人安全帽上的LED灯可传递网络信息，将矿井下的信息传输到地面，完成井下通信、照明和定位多项应用的结合，避免重复建设造成资源浪费，有效增强矿井下工作的安全性。可见光通信应用时，只要拉上遮光帘，外面就收不到灯光传输的信息，保密性极强，可承担政府、银行和金融等方面的通信应用。可见光通信还可进行手持终端近距离点与点的安全通信，适用于数据安全传输、支付、防伪和门禁等智能设备的安全应用。

（三）量子网络

信息科技进一步发展面临着两大瓶颈，即计算能力瓶颈和信息安全瓶颈。一方面，随着半导体晶体管的尺寸接近纳米级，电子的运动不再遵守经典物理学规律，半导体晶体管将不再可靠，著名的"摩尔定律"终将失效。另一方面，芯片后门、光缆窃听、"棱镜门"等窃听与黑客攻击事实，以及超级计算机运算速度突破亿亿次每秒，使得信息面临着越来越严重的窃听和破译风险。量子网络是一类遵循量子力学规律进行高速数学和逻辑运算、存储及处理量子信息的物理装置。当某个装置处理和计算的是量子信息，运行的是量子算法时，它就是量子网络。其理论依据是量子纠缠。量子纠缠描述了这样一个现象：两个微观粒子位于宇宙空间中的两边，无论相隔多远，只要这两个粒子彼此处于量子纠缠，则通过改变一个粒子的量子状态，就可以使非常遥远的另一个粒子状态也发生改变，信号超越了时空的阻隔，直接送达另一个粒子。这种神奇的现象和人们生活中所说的"心灵感应"类似，两个相距遥远的人不约而同地想去做同一件事，好像有一根无形的线绳牵着两个人。这种理论上的超过通信方式激起了量子科学家们的兴趣，他们试图建立起比现在的互联网快千万倍的量子网络。另一方面，由于量子不可克隆、不可分割，以及"一次一加密"的通信方式，理论上在当前技术水平下不可能被窃听。量子通信是结合量子技术与现代通信技术的一种新兴通信技术，在理论上可实现无条件安全的链路数据传输，被认为是保障未来通信安全最重要的技术手段。

那么量子网络到底是什么呢？用国际顶级量子专家王肇中教授的话说，量子通信就是单模光纤两端加上能代替常用光模块功能的、光量子态的发送和接收设备，实现基于物理加密的保密通信。

从1993年美国科学家提出量子通信的概念至今，西方发达国家投入了大量人力、物力进行量子通信的理论和实验研究，单光子探测器、量子密钥分发产品、纠缠源等产品研制大步迈进，量子通信的距离和速率等都有了飞跃式提升。

我国尽管属于后来者，但起点高，进展快，在应用研究的多个方面已经领跑世界，其中在城域量子通信关键技术方面已达到产业化要求，产业化预备与欧美处于同等水平。2004年以来，在量子信息处理的核心资源——多量子纠缠的制备与操纵方面，我国先后实现了 5 光子、6 光子和 8 光子纠缠，数次创造了纠缠光子数目的世界纪录。早在 2008 年，我国就建成了光量子电话网，实现了"一次一密"加密方式的实时网络通话。2012 年在安徽省合肥市建成世界上规模最大的 46 节点的量子通信试验网，通信准确率达到了 99.6%，这标志着我国在大容量的量子通信网络技术方面已经取得了关键突破。2014 年，中国科学技术大学教授潘建伟团队与中国科学院上海微系统所以及清华大学的科研人员合作，成功将量子保密传输的安全距离扩大至 200 公里，创下新的世界纪录。我国 2000 公里量级的城际光纤量子通信骨干网工程——"京沪干线"预计将于 2016 年年内建成，对核心资源的处理能力使我国在量子通信实际应用方面走得更快。中国广域量子通信网络计划已经开始实施，中科院战略先导专项量子科学实验卫星"墨子号"已经成功发射，未来还将发射更多卫星，到 2020 年实现亚洲与欧洲的洲际量子密钥分发，届时连接亚洲与欧洲的洲际量子通信网也将建成。到 2030 年左右，中国将建成全球化的广域量子通信网络。

为什么各国要抢占量子通信未来制高点？为了防御一个还未出现的威胁，这个威胁来自尚未被成功发明的量子计算机。早在 20 世纪科学家们就已经开始设想，用量子系统构成的计算机来模拟量子现象，从而大幅度减少运算时间。如果将未来的量子计算机比作大学教授，今天所谓超级计算机的计算能力甚至还比不上刚上幼儿园小班的儿童。

可以想象这样一个惊人的对比：现在对一个 500 位的阿拉伯数字进行因子分解，目前最快的超级计算机将耗时上百亿年，而量子计算机却只需大约几分钟。"一旦哪个疯子发明出来量子计算机，他就可以攻破所有的密码。"

事实上，现在通用的加密方式并非如想象般安全，它们都有破译的方法，只是由于现有计算机运行能力的限制，破译一个密钥可能要耗费上万年，甚至上百万年。如果量子计算机出现，人们目前自认为安全的一切将不堪一击。那将是一个超级神偷，可以偷走现代文明中人们赖以生存的一切——银行存款、网络信息。它也足够冲破军事或安全系统，调转导弹的轨道，令整个国家陷入混乱与灾难。因此，没有哪个国家敢懈怠，"这并不是一项杞人忧天的研究。所有的防御必须出现在进攻之前。"美国科学家的预言就像一个倒计时牌，"量子计算机可能将在 50 年之后出现。"

专家公认："只有采用量子信息才是安全的，必须占据先机。"这样一切窃听手段将失去原有的意义。如果一个间谍想要收集情报，他必须窃取发送途径中的光子，经过测量后再次传给接收者。但因为光子对的纠缠特性，这样的窃取会被发现，"就像被尝过的冰淇淋一样"。

三、 走向新一代大数据巨系统全通联的网络基础设施

联合国于 2009 年启动了名为"全球脉动计划"的大数据应用计划，希望借助大数据帮助贫困落后地区发展。2012 年 1 月召开的世界经济论坛也把"大数据，大影响"作为一项主要议题。自 2009 年以来，美国政府数据库"Data. gov"陆续公开了 40 多万份公务流转原始数据集，大数据已是美国的国家创新战略、国家安全战略以及国家信息网络安全战略的交叉领域和关键点。美国政府在 2012 年 3 月提出了"大数据研究发展提议"，倡议全球各国开放政府数据，同时投入近 2 亿美元用于促进大数据的研究，对多个政府部门和机构影响深远，并把大数据的地位提升到战略高度。大数据也被英国政府列为重点扶持的信息技术，对重点关注的信息技术共投资 6 亿英镑，其中三成投资用于大数据研究。欧盟委员会在 2014 年 7 月发出倡议，希望各成员国加强大数据的应用研究，积极应对"大数据"时代的到来，并大力发展大数据业务，促进大数据与经济生产、公共管理等领域的融合，例如推动基于大数据的公私合作模式，提出"地平线 2020"科研规划，创建了面向大众的数据孵化器，增加多个超级计算中心，在成员国加强大数据的基础设施建设等。

我国也已经意识到大数据的重要性。2015 年 8 月，国务院总理李克强主持召开国务院常务会议，通过了《关于促进大数据发展的行动纲要》（以下简称《纲要》），《纲要》明确指出，推动大数据发展和应用，在未来 5 至 10 年打造精准治理、多方协作的社会治理新模式，建立运行平稳、安全高效的经济运行新机制，构建以人为本、惠及全民的民生服务新体系，开启大众创业、万众创新的创新驱动新格局，培育高端智能、新兴繁荣的产业发展新生态。

《纲要》部署了三方面主要任务。一要加快政府数据开放共享，推动资源整合，提升治理能力。大力推动政府部门数据共享，稳步推动公共数据资源开放，统筹规划大数据基础设施建设，支持宏观调控科学化，推动政府治理精准化，推进商事服务便捷化，促进安全保障高效化，加快民生服务普惠化。二要

推动产业创新发展，培育新兴业态，助力经济转型。发展大数据在工业、新兴产业、农业农村等行业领域的应用，推动大数据发展与科研创新有机结合，推进基础研究和核心技术攻关，形成大数据产品体系，完善大数据产业链。三要强化安全保障，提高管理水平，促进健康发展。健全大数据安全保障体系，强化安全支撑。

（一）大数据

大数据是经济社会、现实世界、管理决策的片段记录，蕴含着碎片化信息。随着分析技术与计算技术的突破，解读这些碎片化信息成为可能，这是大数据成为一项新的高新技术、一类新的科学范式、一种新的决策方式乃至一种文化的缘由。

1. 大数据的概念与特征

关于大数据的定义，主要有以下几种[1]，见表 7 – 2。

表 7 – 2　大数据定义

研究机构 Gartner 的定义	大数据是指需要新处理模式才能具有更强的决策力、洞察发现力和流程优化能力的海量、高增长率和多样化的信息资产
维基百科的定义	大数据指所涉及的资料量规模巨大到无法通过目前主流软件工具，在合理时间内达到撷取、管理、处理并整理成为帮助企业经营决策的资讯
麦肯锡的定义	大数据是指无法在一定时间内用传统数据库软件工具对其内容进行采集、存储、管理和分析的数据集合

从以上权威机构对大数据的定义可以看出，大数据由海量交易数据、海量交互数据和海量数据处理三大主要的技术趋势汇聚而成，同时具有以下“5V”特征（图 7 – 2）。

数据体量巨大（Volume）。人们通常将 10TB（1TB = 1024GB）规模以上的数据量称为大数据。产生如此巨大的数据量，一是因为多种多样的信息化设施投入使用，使人们可以捕捉到事物更多的细节，并将这些捕捉到的事物用数据的形式保存下来；二是由于大量通信工具、移动终端的使用，人们无时无刻不在产生联

---

① 陶雪娇，胡晓峰，刘洋. 大数据研究综述［J］. 系统仿真学报，2013（25s）：142 – 146.

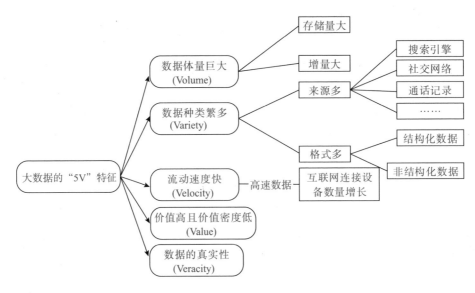

图 7-2　大数据的"5V"特征

系，机器-机器（M2M）模式的应用更使得所产生的数据量成几何倍数增加；三是由于信息技术的广泛应用，电子元配件价格不断降低，商家开发出各种智能化的日常生活用品，从而产生了海量数据。

数据种类繁多（Variety）。随着各种各样的传感器以及信息化设施的广泛使用，微信、微博等社交平台的流行，收集到的数据类型复杂多样，其中不但包括易于存储利用的格式化数据，同时也掺杂着图像、视频、音频等未加工的、半结构化的和非结构化的数据。

流动速度快（Velocity）。一般地，数据的收集、存储、分析速度是人们通常理解的数据处理速度，然而现在处理的数据量和以前不可同日而语，同时大量信息化设备连入互联网、各种局域网，使得数据的传播速度得到前所未有的提升，传统的数据处理方法已经不能适应现在的数据流动速度。

价值密度低（Value）。收集的数据量不断增长，而隐没在这些海量数据中有价值的信息却没有按照相应比例增长，相反，获取这些有价值的信息更加困难。以视频监控数据为例，调取长达几十甚至上百小时的监控信息进行查询，有价值的信息可能只有短短几秒钟。

数据真实性（Veracity）。大数据中的内容是与真实世界中的事件息息相关的，研究大数据就是从庞大的网络数据中提取出能够解释和预测现实事件的过程。

大数据的"5V"特征表明，大数据不只是不断增加的海量数据，在研究、应用大数据时要更加注重方法、效率。

2. 大数据技术

过去由于数据收集技术不发达，数据工作者掌握的数据不够，研究数据的方式是"由薄变厚"，即通过一定的数据尽可能分析出更多的规律；而在数据爆炸式增长的现在，人们研究数据的主要方式是"由厚变薄"，即把海量的数据提纯、精简[①]。大数据时代，掌握大量数据却无从下手的问题越来越突出，人们史无前例地渴求强大的能适应现代条件的数据分析工具，因此数据挖掘的地位提到了前所未有的高度。

（1）数据挖掘

数据挖掘就是在海量的、碎片化的、嘈杂的、随机的模糊数据中提取隐藏于表面之下、人们事先无法得知的，但是又具有极大价值的信息的过程。目前适用范围最广的一种数据挖掘模型是 Fayyad 等人提出的多处理阶段模型。

数据挖掘中重点需要解决的问题是将数据挖掘的结果可视化，使知识和有用信息的发现过程可以被使用者理解，优化人机交互的方式与体验；对互联网环境下的数据挖掘技术开展研究，尤其是开发互联网知识发现与数据挖掘（DMKD）计算中心，基于数据库支持，达到数据挖掘的目的；对各种不规则、碎片化、非格式化数据的挖掘是难点，如音视频、图像和纯文本数据等。现在所说的研究大数据，主要是研究处理和分析大数据的技术手段，研究在海量数据中提取有用信息与知识的方法和工具，而不是研究数据本身[②]，它在经典的数据挖掘方法上有了更复杂的变化。

（2）对比分析

分析对象。以往数据分析的对象大多是已知数据范围中那些便于分析处理的数据，大部分数据仓库都设定了完善的抽取、转换、加载流程和数据库的数据存储、流转规范，也就是说加载到数据仓库中的都是容易理解的、去除噪点后并遵

---

① 甘晓，李国杰. 大数据成为信息科技新关注点［N］. 中国科学报，2012.
② 李国杰. 大数据研究的科学价值［J］. 中国计算机学会通讯，2012，8（9）：8–15.

从规范的元数据。但是大数据分析的恰恰是以往利用传统数据收集方式捕获不到的碎片化、不规则的数据，这意味着不能保证准备分析的数据是完整的、去噪的和具备标准格式的。

分析基础。以往的数据分析中，数据关系的模型需要首先被建立和确定下来，由此分析过程中各主题的关系在模型建立起来时就已经确定了，同时数据分析也在这个前提下开展。而在大数据时代，表面上毫不相干的信息经过数据挖掘和分析后可能存在深层次的关联，这种不易发觉的关联正是使用大数据想要得出的规律。

分析效率。传统分析是对数据进行定向处理，并且需要在数据从来源端经过抽取、转换、加载等流程到达目的端后再进行分析。大数据分析是实时借助软件支持，进行数据的分析处理。

硬件要求。传统的分析系统中，平行计算需要借助大规模并行计算系统或多线程处理系统等昂贵的设施实现。而基于大数据的分析系统，其理念是用新型分析软件弥补硬件的性能，从而大大降低成本，可以通过低、中端的计算机和服务器的并联计算实现以往只有高端计算中心才能达到的计算能力①。

3. 大数据应用

大数据科学技术中心（ISTC）在美国麻省理工学院（MIT）组建成立。ISTC的重点研究方向是推动科学发展、发展医药领域以及提供大数据计算服务，同时推动大数据应用中信息可视化等人机交互技术的优化与创新。大数据科学技术中心以美国麻省理工学院为中心，专家来自 MIT、华盛顿大学和斯坦福大学等 6 所大学。Intel，Microsoft，EMC 等多家国际产业巨头通过为研究带头人提供资助、为研究活动提供场所的方式，希望与研究课题组共享存储、操作大数据的研究成果。在英国，首个基于大数据的医疗药品科研中心在牛津大学成立，它的研究成果将为英国的医药研究和卫生服务带来翻天覆地的变化，它能用大数据方法对海量医药领域的相关数据进行捕捉、存储和分析，使医疗数据充分利用，以研究和创新治疗手段，为药品研发和实验提供参考，降低医药领域研究成本帮助研究者和医药工作者进一步认知人类疾病的深层机理，为制定更加有效的治疗方法提供

---

① 王珊，王会举，覃雄派，等. 架构大数据：挑战、现状与展望［J］. 计算机学报，2011（10）：1472.

参考。使用大数据方法，匈牙利科学院魏格纳物理学研究中心建立了一座超宽带数据中心，该中心由 CERN（欧洲核子中心）牵头创立，是目前欧洲传输能力最强的数据处理中心。

产业方面，如 IBM、微软、EMC、戴尔、惠普等在国际范围内具有巨大影响力的品牌厂商都将大数据作为未来的一项主要业务，并且先后提出了大数据时代下新的发展战略或应对策略。2013 年 2 月，IBM 公司宣布收购星分析公司（Star Analytics）的软件产品。不仅如此，IBM 还计划收购 Splunk 和 NetApp 等以数据分析为主营业务的信息产业。自 2005 年以来，IBM 已经斥资 160 多亿美元用于收购大数据分析相关的公司多达 35 个。IBM 就大数据的联合研究、应用、技术创新与分析服务同世界上千所大学、学院达成了合作意向。在目前大数据的技术创新和应用探索中，欧美等已经处于领先地位，各国政府都制定了各自的大数据发展战略，试图从大数据入手找到新的国力增长点。

在我国，对大数据的研究和应用相对开始较晚，但是目前政府、研究机构及信息产业已经纷纷启动了大数据研究计划，将大数据的应用和研究提升到战略高度。

国家科技部的"十二五"规划中专门部署了物联网、云计算等新信息技术的发展与研究。中国科学院院长白春礼院士在 2012 年就对中国应及早规划国家大数据的发展战略提出倡议。2012 年 3 月，国家科技部发布了《"十二五"国家科技计划信息技术领域 2013 年度备选项目征集指南》，其中"面向大数据的先进存储结构及关键技术"已在"先进计算"中被明确提出。国家自然科学基金、"973"计划、"863"计划等都在大数据的研究和应用方面设立了项目。地方政府也响应中央的号召，高度重视大数据的研究工作。重庆市于 2013 年公布《重庆市人民政府关于印发重庆市大数据行动计划的通知》；上海市公布了《上海推进大数据研究与发展三年行动计划》；广东省在 2014 年专门成立了大数据管理局，对大数据的发展进行政策扶持。其他省市也都对大数据发展给予重视，陆续推出了各自的大数据发展计划。

国内多所大学和研究所都在着手准备大数据研究的实验室和课题组，掀起了开展针对大数据的学术活动小高潮。中国计算机学会和中国通信学会于 2012 年分别成立了各自的大数据专家委员会，对大数据在技术层面开展深入研究；教育部尝试结合大数据优化教育改革调整。针对大数据，近年来国内举办了多场学术会议和竞赛等，如智能系统与大数据学术会议（ISBD）、CCF大数据学术会议、中国大数据技术大会等。

（二）云计算

云计算（Cloud Computing）是分布式计算（Distributed Computing）、并行计算（Parallel Computing）、效用计算（Utility Computing）、网络存储（Network Storage Technologies）、虚拟化（Virtualization）、负载均衡（Load Balance）、热备份冗余（High Available）等传统计算机和网络技术发展融合的产物①。

按照美国国家标准与技术研究院（NIST）的定义，云计算是一种按使用量付费的模式，这种模式提供可用的、便捷的、按需的网络访问，进入可配置的计算资源共享池（资源包括网络、服务器、存储、应用软件、服务），这些资源能够被快速提供，只需投入很少的管理工作，或与服务供应商进行很少的交互。云计算是一个商业计算模型，它将计算任务分布在大量计算机构成的资源池上，使用户能够按需获取计算力、存储空间和信息服务。

云计算将可用的、可扩展的、按需付费模式的IaaS、PaaS、SaaS提供给用户。云计算作为下一代数据中心，目的是希望实现动态、灵活的应用供应，通过虚拟网络服务（硬件、数据库、用户接口和应用逻辑）提高数据中心处理能力，使用户可以根据需求和服务质量要求在互联网的任何地方访问和部署应用。同时，一些拥有创新想法应用服务的IT公司也不再需要在硬件和软件设施上给予大规模的资金投入，仅仅通过云中应用租用平台，就可以免费获得所需的基本硬件和软件设施，从而可以将全部精力投入到其应用服务的业务价值创新和创造。计算的未来在云端，云计算可以加强服务灵活性和可用性，提升计算能力，减少使用成本，压缩处理时间。

按照服务类型可以将云计算分为三类，即将基础设施作为服务（IaaS）、将平台作为服务（PaaS）和将软件作为服务（SaaS）。SaaS直接接触最终用户，通过良好的图形界面为用户提供各种应用服务，满足用户的应用服务需求，创造良好的用户体验。SaaS为PaaS提供应用服务交付接口和用户反馈，PaaS为SaaS提

---

① Carolan J, Gaede S, Baty J, et al. Introduction to cloud computing architecture［J］. White Paper, 1st edn, Sun Micro Systems Inc, 2009.

供基础开发平台，IaaS 为 PaaS 提供基础硬件设施，三者紧密联系，构成一个统一的体系。SaaS 基于 PaaS，在应用服务的最高层直接为各级用户提供软件服务，并接受 PaaS 提供的平台服务。PaaS 运行于中间层，主要提供应用服务的定制、运行、支持与管理。

需要指出的是，随着云计算的深入发展，云计算不再只是简单地提供基础计算能力，而是云端能力和资源的服务化。不同的云计算解决方案相互渗透融合，一种产品往往横跨了两种以上的类型。例如 Amazon 的简单数据库 SimpleDB 属于 PaaS 的范畴，而新提出的电子商务服务 FPS 和 DevPay 及网站访问统计服务 Alexa Web 服务则属于 SaaS 范畴。

自从云计算的概念被提出，不断有 IT 厂商推出自己的云计算平台。Google、Amazon、IBM 和微软等 IT 巨头们以前所未有的速度和规模推动着云计算技术和产品的普及，各大商业公司纷纷推出自己的云计算平台，Amazon 的 AWS、Google 的 App Engine、微软的 Azure 都是商业性云计算平台的典型代表，马德里大学的 OpenNebula、加利福尼亚大学开发的 Eucalyptus 以及 Apache 的 Hadoop 则是开源云计算平台的典型代表。

国内云计算的发展也非常迅速。2008 年，IBM 先后在无锡和北京建立了两个云计算中心；世纪互联提供了 Cloud Ex 产品线，提供互联网主机服务、在线存储虚拟化服务；中国移动研究院建立起 1024 个 CPU 的云计算实验中心，并于 2010 年 5 月发布了"Big Cloud 1.0"；解放军理工大学开发了云存储系统 Mass-Cloud，并以其支撑基于 3G 的大规模视频监控应用和数字地球系统。

百度云起步最早，在 2012 年百度世界大会上便推出了包括个人云存储 PCS、多屏幕 Screen X 技术、云应用生成服务 Site App、LBS 云、移动云测试 MTC、百度应用引擎 BAE 和浏览内核 Engine 的七种服务。除了 PCS 之外，其余均是面向开发者的 PaaS 层面的服务。阿里巴巴集团成立了专注于云计算领域研究和研发的阿里云公司，经过 6 年的技术沉淀，阿里云在云计算基础设施领域覆盖了从域名、备案、解析、计算、网络、存储、数据库、安全、海量数据分析到互联网中间件等一站式服务，并已在多个领域进入全球先进行列。自 2013 年 9 月腾讯云推出之后，中国云计算市场正式进入三强鼎立时代。

大数据本身是一个问题集，云计算是目前解决大数据问题集最重要最有效的手段。云计算提供了基础架构平台，大数据应用在这个平台上运行。如果说大数据蕴含巨大价值的矿藏，云计算则可看作采矿的得力工具。云计算是为解决大数据等问题发展而来的技术，如果没有大数据需求，云计算的功用也将得不到完全发挥，因此大数据和云计算是相辅相成的。构建云计算数据中心等基础设施，可为大数据的采集、存储、处理和分析提供工具。对大数据的分析将有助于辅助决策。目前我国各省市都在建设自己的云计算中心，国际数据公司 IDC 最新公布的数据显示，2010 年中国数据中心总数量已经达到 504155 个。截至 2012 年 3 月，全国已有 13 个省、市、自治区规划了约 30 个 10 万台服务器以上规模的大型数据中心建设项目，项目总投资达 2700 亿元，通过网络基础设施的建设，为我国的腾飞助力。

主要参考文献

［1］习近平. 在网络安全和信息化工作座谈会上的讲话（2016 年 4 月 19 日）［M］. 北京：人民出版社，2016.

［2］国务院新闻办公室，中央文献研究室，中国外文局. 习近平谈治国理政［M］. 北京：外文出版社，2014.

［3］习近平向首届世界互联网大会致贺词，强调共同构建和平、安全、开放、合作的网络空间　建立多边、独立、透明的国际互联网治理体系［N］. 人民日报，2014 - 11 - 20（1）.

［4］习近平. 总体布局统筹各方创新发展　努力把我国建设成为网络强国［N］. 光明日报，2014 - 02 - 28（01）.

［5］中国互联网络信息中心. 中国互联网络发展状况统计报告［R］. 北京，2016.

［6］迈克尔·塞勒. 移动浪潮：移动智能如何改变世界［M］. 邹韬，译. 北京：中信出版社，2013.

［7］马化腾，等. 互联网＋：国家战略行动路线图［M］. 北京：中信出版社，2015.

［8］汪玉凯，高新民. 互联网发展战略［M］. 北京：学习出版社，2012.

［9］何小朝. 纵横大数据：云计算数据基础设施［M］. 北京：电子工业出版社，2014.

［10］陈刚. 数字城市：理论与实践［M］. 杭州：浙江大学出版社，2004.

［11］袁启昌. 系统集成及实用组网技术［M］. 北京：科学出版社，2005.

［12］信息化基本知识编写组. 信息化基本知识［M］. 北京：中共中央党校出版社，2005.

［13］崔勇，吴建平. 下一代互联网与 IPv6 过渡［M］. 北京：清华大学出版社，2014.

［14］总政治部宣传部. 网络新词语选编［M］. 北京：解放军出版社，2014.

［15］东鸟. 2020·世界网络大战［M］. 长沙：湖南人民出版社，2012.

［16］王昊. 中国城市信息化研究［M］. 贵阳：贵州人民出版社，2010.

［17］特南鲍姆. 计算机网络［M］. 5 版. 严伟，潘爱民，译. 北京：清华大学出版社，2012.

［18］Alberto Leon - Garcia, Indra Widjaja. 通信网：基本概念与主体结构［M］. 2 版. 乐正友，杨为理，等，译. 北京：清华大学出版社，2005.

［19］王凤先，杨晓辉. 计算机网络［M］. 北京：中国铁道出版社，2003.

［20］李津生，洪佩琳. 下一代 Internet 的网络技术［M］. 北京：人民邮电出版社，2001.

［21］吴建平，刘莹，吴茜. 新一代互联网体系结构理论研究进展［J］. 中国科学，2008，38（10）：1540 – 1564.

［22］英特尔开源软件技术中心，复旦大学并行处理研究所. 系统虚拟化：原理与实现［M］. 北京：清华大学出版社，2009.

［23］李芳社. 虚拟化技术在通信基础设施中的应用［J］. 现代电子技术，2009，32（8）：149 – 151.

［24］王相林. IPv6 技术——新一代网络技术［M］. 北京：机械工业出版社，2008.

［25］张文木. 国家战略能力与大国博弈［M］. 济南：山东人民出版社，2012.

［26］贝丝·西蒙·诺维克. 维基政府：运用互联网技术提高政府管理能力［M］. 李忠军，等，译. 北京：新华出版社，2010.

［27］谢希仁. 计算机网络［M］. 5 版. 北京：电子工业出版社，2008.

后　记

从 2013 年"宽带中国"战略及其实施方案的提出，到十八届五中全会明确"实施网络强国战略，实施'互联网＋'行动计划"及"国家大数据战略"，表明网络已成为实现中华民族伟大复兴中国梦的新引擎。网络基础设施建设是实施网络强国战略的重中之重、基础之基础，已经成为衡量一个国家综合实力的重要标志。本书是"强力推进网络强国战略丛书"之一，是面向大众的科普读物，适合网络安全相关部门、学者参考，亦可作为相关岗位任职培训用书。

本书主要介绍了网络基础设施对于我国实施网络强国战略的意义，以及网络基础设施建设的主要问题、基本内容、战略对策和发展趋势。全书共七章，第一章由宋海龙编写，第二章由闫鸿斐编写，第三章由芮晓华编写，第四章由朱志编写，第五章由赵昭编写，第六章由王才懿编写，第七章由郭晓峰编写。宋海龙负责统筹协调本书的编写工作，郭晓峰参与全书的统稿。衷心感谢战略支援部队信息工程大学及人文社科教研室领导对本书编写提供的宝贵意见，特别感谢巨乃岐、李彬、刘文、张备等专家给予的宝贵支持。

本书对我国网络基础设施建设的相关问题作了尝试性梳理和研究，书中难免存在疏漏与不足，敬请读者批评指正。